\今すぐ使える/
かんたん
mini

Office 2021／Microsoft 365［両対応］

Excel マクロ&VBAの基本と便利がこれ1冊でわかる本

門脇香奈子 著

技術評論社

本書の使い方

- ☑ 画面の手順解説だけを読めば、操作できるようになる!
- ☑ もっと詳しく知りたい人は、補足説明を読んで納得!
- ☑ これだけは覚えておきたい機能を厳選して紹介!

特長1

機能ごとに
まとまっているので、
「やりたいこと」が
すぐに見つかる!

基本操作

赤い矢印の部分だけ
を読んで、パソコン
を操作すれば、
難しいことはわから
なくても、あっとい
う間に操作できる!

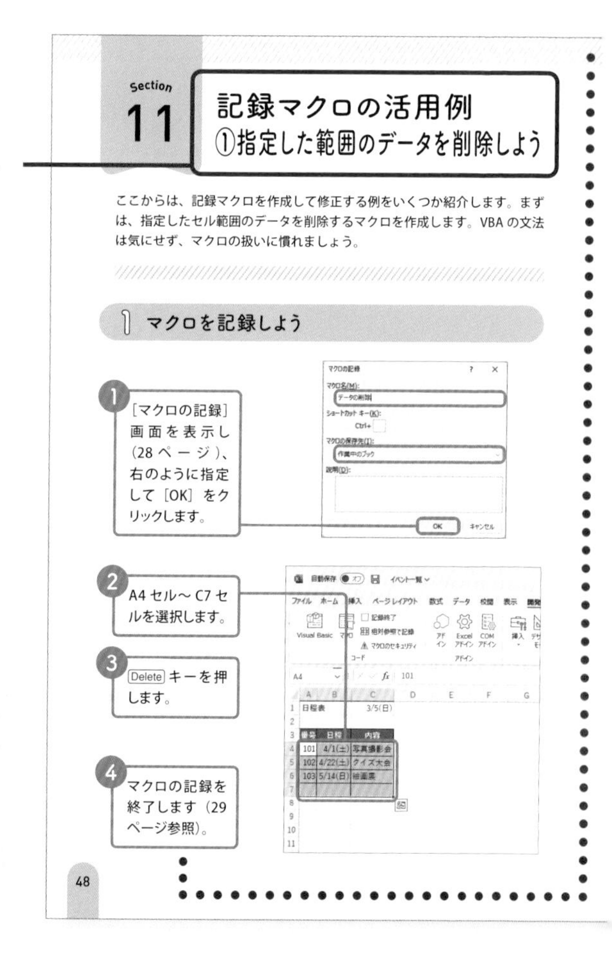

Section 11
記録マクロの活用例
①指定した範囲のデータを削除しよう
ここからは、記録マクロを作成して修正する例をいくつか紹介します。まずは、指定したセル範囲のデータを削除するマクロを作成します。VBAの文法は気にせず、マクロの扱いに慣れましょう。
1 マクロを記録しよう
1 ［マクロの記録］画面を表示し（28ページ）、右のように指定して［OK］をクリックします。
2 A4セル～C7セルを選択します。
3 Delete キーを押します。
4 マクロの記録を終了します（29ページ参照）。
48

特長2

やわらかい上質な紙を
使っているので、
片手でも開きやすい！

特長3

大きな操作画面で
該当箇所を
囲んでいるので
よくわかる！

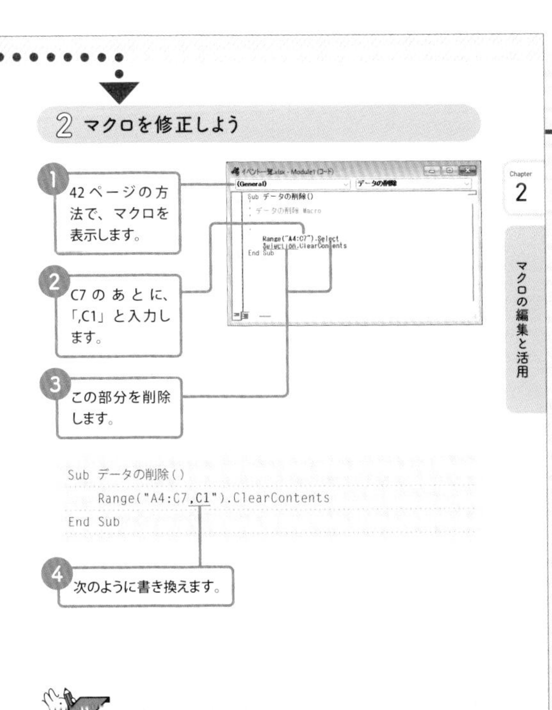

2 マクロを修正しよう
1 42ページの方法で、マクロを表示します。
2 C7のあとに、「,C1」と入力します。
3 この部分を削除します。
Sub データの削除()
Range("A4:C7,C1").ClearContents
End Sub
4 次のように書き換えます。
Chapter 2
マクロの編集と活用

ここで修正した内容

ここでは、データを削除するセル範囲を変更し、C1 セルも追加します。また、セルを選択する操作は不要なので削除します。マクロを修正したら A4 セル～C7 セル、C1 セルにデータを入力し、マクロを実行してみましょう。

49

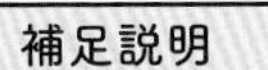

補足説明

操作の補足的な内容
を適宜配置！

Memo
補足説明

Hint
便利な機能

Stepup
応用操作解説

パソコンの基本操作

- ☑ 本書の解説は、基本的にマウスを使って操作することを前提としています。
- ☑ お使いのパソコンのタッチパッド、タッチ対応モニターを使って操作する場合は、各操作を次のように読み替えてください。

1 マウス操作

●クリック（左クリック）

クリック（左クリック）の操作は、画面上にある要素やメニューの項目を選択したり、ボタンを押したりする際に使います。

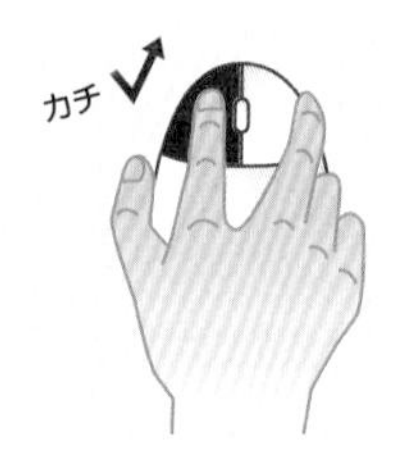
カチ

マウスの左ボタンを１回押します。

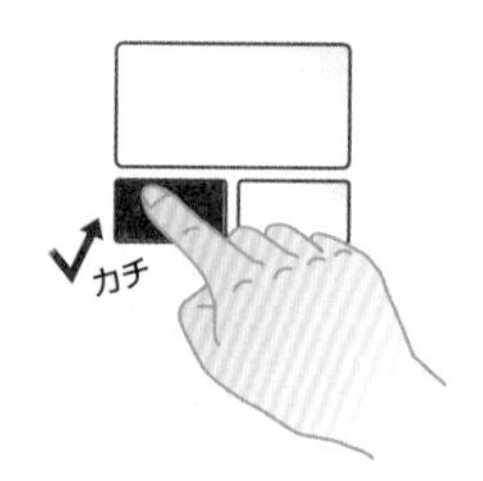
カチ

タッチパッドの左ボタン（機種によっては左下の領域）を１回押します。

●右クリック

右クリックの操作は、操作対象に関する特別なメニューを表示する場合などに使います。

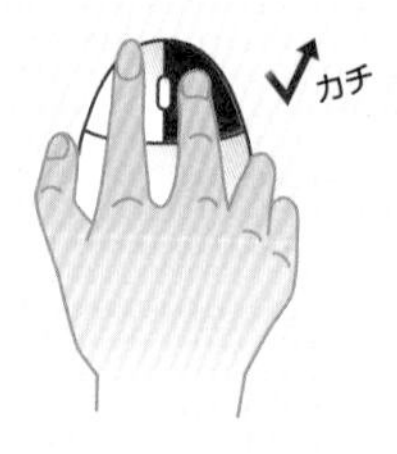
カチ

マウスの右ボタンを１回押します。

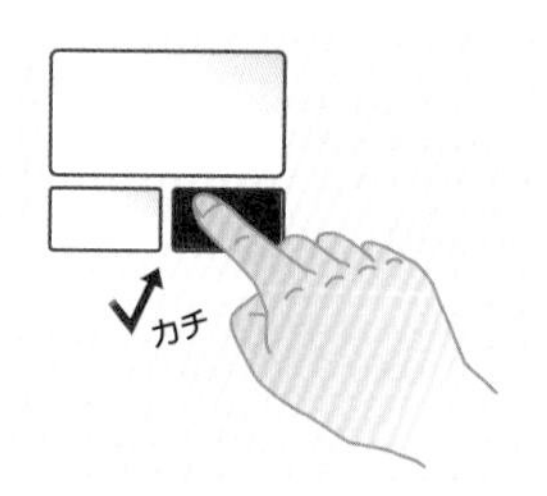
カチ

タッチパッドの右ボタン（機種によっては右下の領域）を１回押します。

●ダブルクリック

ダブルクリックの操作は、各種アプリを起動したり、ファイルやフォルダーなどを開く際に使います。

カチ
カチ

マウスの左ボタンをすばやく2回押します。

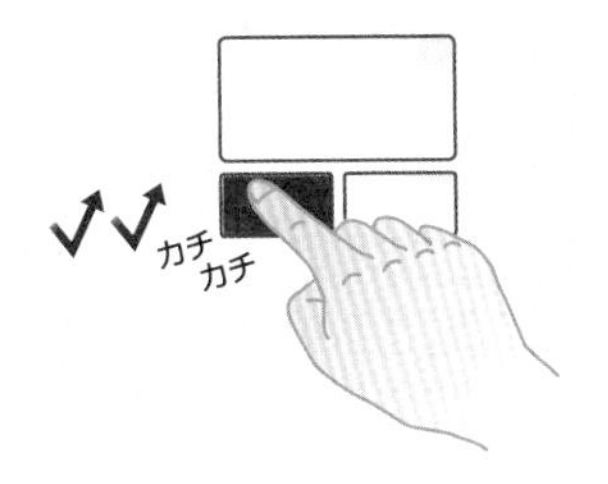
カチ
カチ

タッチパッドの左ボタン（機種によっては左下の領域）をすばやく2回押します。

●ドラッグ

ドラッグの操作は、画面上の操作対象を別の場所に移動したり、操作対象のサイズを変更する際などに使います。

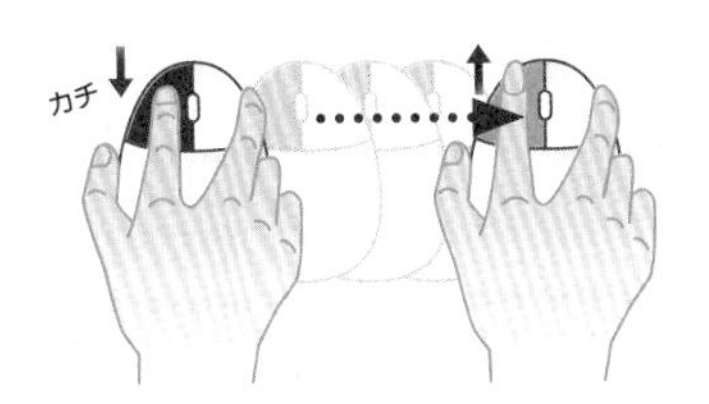
カチ

マウスの左ボタンを押したまま、マウスを動かします。目的の操作が完了したら、左ボタンから指を離します。

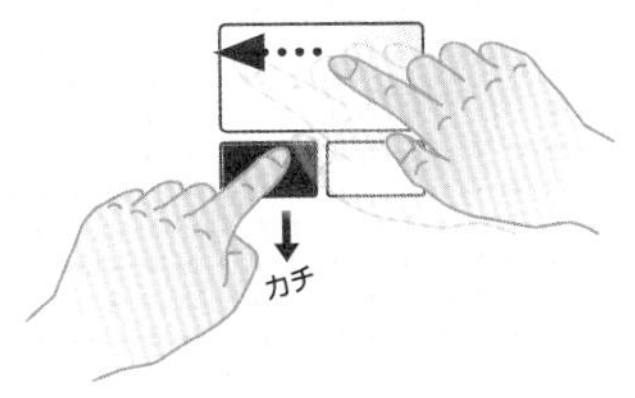
カチ

タッチパッドの左ボタン（機種によっては左下の領域）を押したまま、タッチパッドを指でなぞります。目的の操作が完了したら、左ボタンから指を離します。

Memo

ホイールの使い方

ほとんどのマウスには、左ボタンと右ボタンの間にホイールが付いています。ホイールを上下に回転させると、Webページなどの画面を上下にスクロールすることができます。そのほかにも、Ctrl を押しながらホイールを回転させると、画面を拡大／縮小したり、フォルダーのアイコンの大きさを変えたりできます。

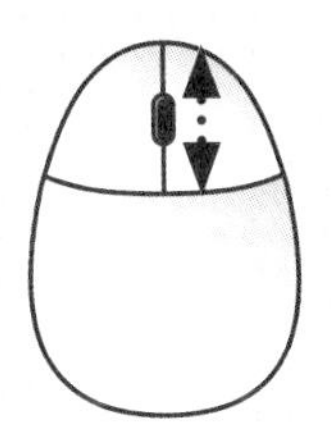

2 利用する主なキー

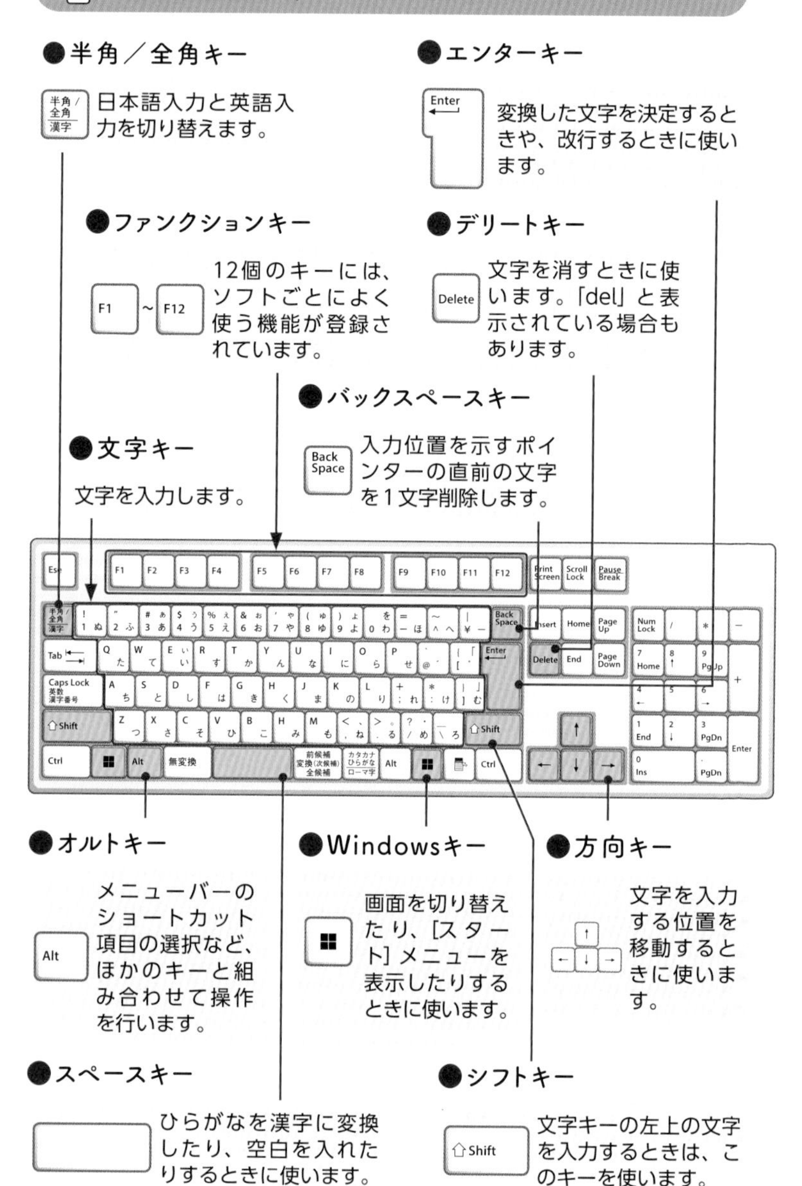

●半角／全角キー
半角/全角 漢字
日本語入力と英語入力を切り替えます。
●エンターキー
Enter
変換した文字を決定するときや、改行するときに使います。
●ファンクションキー
F1 ~ F12
12個のキーには、ソフトごとによく使う機能が登録されています。
●デリートキー
Delete
文字を消すときに使います。「del」と表示されている場合もあります。
●バックスペースキー
Back Space
入力位置を示すポインターの直前の文字を1文字削除します。
●文字キー
文字を入力します。
●オルトキー
Alt
メニューバーのショートカット項目の選択など、ほかのキーと組み合わせて操作を行います。
●Windowsキー
画面を切り替えたり、[スタート] メニューを表示したりするときに使います。
●方向キー
文字を入力する位置を移動するときに使います。
●スペースキー
ひらがなを漢字に変換したり、空白を入れたりするときに使います。
●シフトキー
Shift
文字キーの左上の文字を入力するときは、このキーを使います。

3 タッチ操作

●タップ

トン

画面に触れてすぐ離す操作です。ファイルなど何かを選択するときや、決定を行う場合に使用します。マウスでのクリックに当たります。

●ダブルタップ

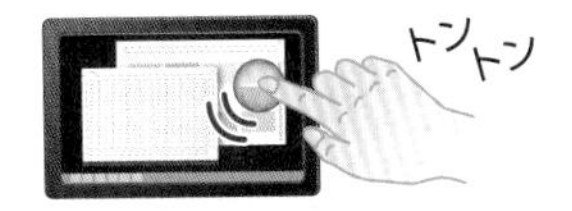
トン
トン

タップを2回繰り返す操作です。各種アプリを起動したり、ファイルやフォルダーなどを開く際に使用します。マウスでのダブルクリックに当たります。

●ホールド

画面に触れたまま長押しする操作です。詳細情報を表示するほか、状況に応じたメニューが開きます。マウスでの右クリックに当たります。

●ドラッグ

操作対象をホールドしたまま、画面の上を指でなぞり上下左右に移動します。目的の操作が完了したら、画面から指を離します。

●スワイプ／スライド

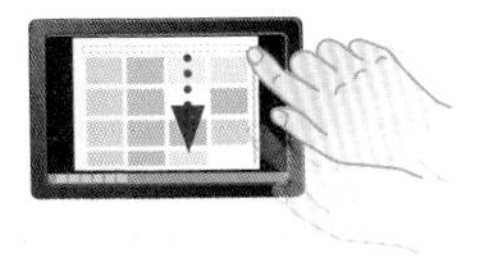

画面の上を指でなぞる操作です。ページのスクロールなどで使用します。

●フリック

画面を指で軽く払う操作です。スワイプと混同しやすいので注意しましょう。

●ピンチ／ストレッチ

2本の指で対象に触れたまま指を広げたり狭めたりする操作です。拡大（ストレッチ）／縮小（ピンチ）が行えます。

●回転

2本の指先を対象の上に置き、そのまま両方の指で同時に右または左方向に回転させる操作です。

サンプルファイルのダウンロード

本書で使用しているサンプルファイルは、以下のURLのサポートページからダウンロードすることができます。ダウンロードしたときは圧縮ファイルの状態なので、展開してから使用してください。

https://gihyo.jp/book/2023/978-4-297-13463-1/support

サンプルファイルをダウンロードする

1 ブラウザー（ここではMicrosoft Edge）を起動します。

https://gihyo.jp/book/2023/978-4-297-13463-1/support

2 ここをクリックしてURLを入力し、Enterを押します。

3 表示された画面をスクロールし、[ダウンロード] にある [miniExcel_macrovba_2023_sample.zip] をクリックします。

（2023年4月21日更新）

ダウンロード

サンプルファイル（miniExcel_macrovba_2023_sample.zip）

技術評論社販売促進部のツイッターはこちら

@gihyo_hansoku

4 [ファイルを開く] をクリックします。

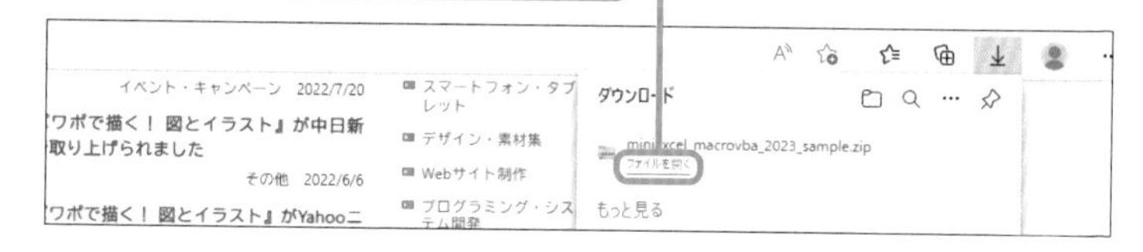

イベント・キャンペーン 2022/7/20
『ワポで描く！ 図とイラスト』が中日新
取り上げられました
その他 2022/6/6
『ワポで描く！ 図とイラスト』がYahooニ
スマートフォン・タブレット
デザイン・素材集
Webサイト制作
プログラミング・システム開発
ダウンロード
miniExcel_macrovba_2023_sample.zip
ファイルを開く
もっと見る

ダウンロードした圧縮ファイルを展開する

1 エクスプローラーの画面が開くので、

2 表示されたフォルダーをクリックし、デスクトップにドラッグします。

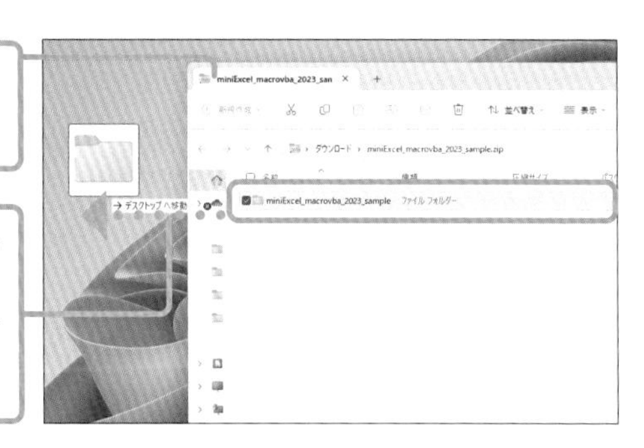
miniExcel_macrovba_2023_san
ダウンロード › miniExcel_macrovba_2023_sample.zip
miniExcel_macrovba_2023_sample ファイル フォルダー
→ デスクトップ へ移動

3 展開されたフォルダーがデスクトップに表示されます。

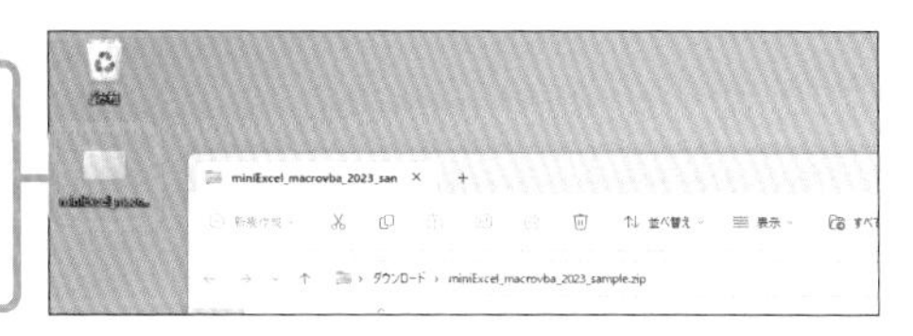
miniExcel_macrovba_2023_san
ダウンロード › miniExcel_macrovba_2023_sample.zip

4 展開されたフォルダーをダブルクリックすると、サンプルファイルが格納されたフォルダーが表示されます。なお、OneDriveとパソコンのフォルダーを同期する設定で使用している場合、サンプルファイルは、OneDriveと同期していない場所に保存してください。

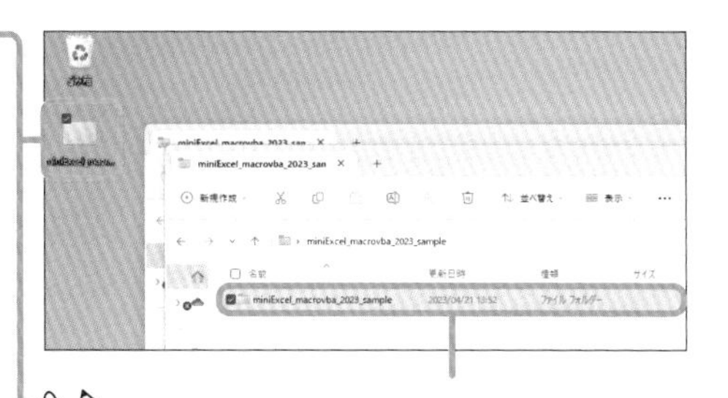
miniExcel_macrovba_2023_san
miniExcel_macrovba_2023_sample
miniExcel_macrovba_2023_sample ファイル フォルダー

Memo

保護ビューが表示された場合

サンプルファイルを開くと、「保護ビュー」が表示されます。[編集を有効にする] をクリックして、編集を有効にします。セキュリティ関連のメッセージが表示された場合は、32ページを参照して下さい。

Contents

Chapter 1 マクロを動かしてみよう

Chapter 3 VBAの基本的な文法を知ろう

Chapter 4 セルや行・列を操作しよう

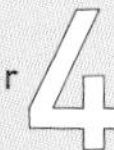

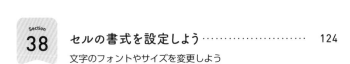

Chapter 6 シートやブックを操作しよう

Chapter 7 条件分岐や繰り返しの処理を行おう

Chapter 8 知っておきたい便利技

ご注意：ご購入・ご利用の前に必ずお読みください

Chapter

1

マクロを動かしてみよう

Section

Section

1 マクロのしくみを知ろう

マクロとは、Excelで行うさまざまな処理を自動的に実行するために作るプログラムのことです。マクロを利用することで、さまざまな操作を自動化できます。

1 マクロって何？

マクロは、操作の指示書のようなものです。作成したマクロを実行するだけで、複数の操作を自動的に行えます。

マクロを使わない場合

毎日行う定型作業も、キーボードやマウスを使い、1つずつ操作します。

昨日の売上リストを開いて、データを並べ替えて、指定したデータを抽出して、シートを新しいブックにコピーして保存する。

マクロを利用した場合

指示書を用意して、複数の操作を自動で行います。

ボタンを押すだけで操作が完了する!

指示書

1. 昨日の売上リストを開く
2. データを並べ替える
3. 指定したデータを抽出する
4. シートを新しいブックにコピーする
5. ファイルを保存する

2 「VBA」って何?

「VBA（Visual Basic for Applications）」とは、マクロを書く時に使うプログラミング言語です。自分で一から書く方法のほか、Excel で操作を記録して、その内容を VBA に変換することもできます。

マクロを作成・編集する「Visual Basic Editor」

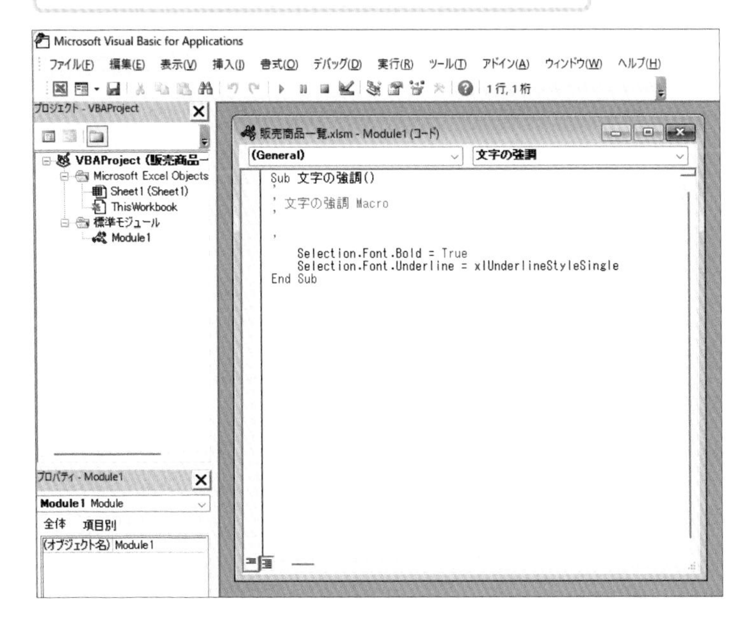
Microsoft Visual Basic for Applications
ファイル(F) 編集(E) 表示(V) 挿入(I) 書式(O) デバッグ(D) 実行(R) ツール(T) アドイン(A) ウィンドウ(W) ヘルプ(H)
1行, 1桁
プロジェクト - VBAProject
VBAProject (販売商品一
Microsoft Excel Objects
Sheet1 (Sheet1)
ThisWorkbook
標準モジュール
Module1
プロパティ - Module1
Module1 Module
全体 項目別
(オブジェクト名) Module1
販売商品一覧.xlsm - Module1 (コード)
(General)
文字の強調
Sub 文字の強調()
'
' 文字の強調 Macro
'
'
Selection.Font.Bold = True
Selection.Font.Underline = xlUnderlineStyleSingle
End Sub

Memo マクロを編集するツール

マクロは、VBE（Visual Basic Editor）というツールを使って作成・編集します。VBE は、Excel に付属していますので、Excel があればマクロを利用できます。

Section 2

マクロを作るための準備をしよう

マクロを作成したり編集したりするときは、［開発］タブを利用すると便利です。［開発］タブには、VBEを起動するボタンや、マクロの一覧を表示するボタンなどが表示されます。

1 ［開発］タブを表示しよう

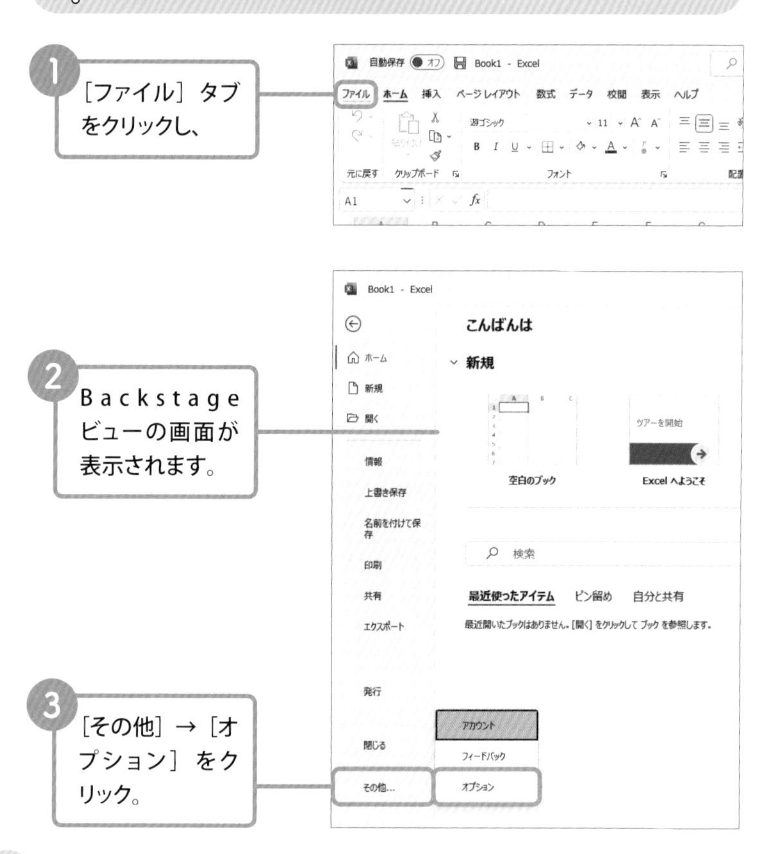

1 ［ファイル］タブをクリックし、
自動保存 オフ Book1 - Excel
ファイル ホーム 挿入 ページレイアウト 数式 データ 校閲 表示 ヘルプ
游ゴシック 11
元に戻す クリップボード フォント
A1
2 Backstageビューの画面が表示されます。
Book1 - Excel
こんばんは
ホーム
新規
開く
情報
上書き保存
名前を付けて保存
印刷
共有
エクスポート
発行
閉じる
その他...
新規
空白のブック
ツアーを開始
Excel へようこそ
検索
最近使ったアイテム ピン留め 自分と共有
最近開いたブックはありません。[開く] をクリックして ブック を参照します。
アカウント
フィードバック
オプション
3 ［その他］→［オプション］をクリック。

4 ［リボンのユーザー設定］をクリックします。

5 ［開発］にチェックを付け、

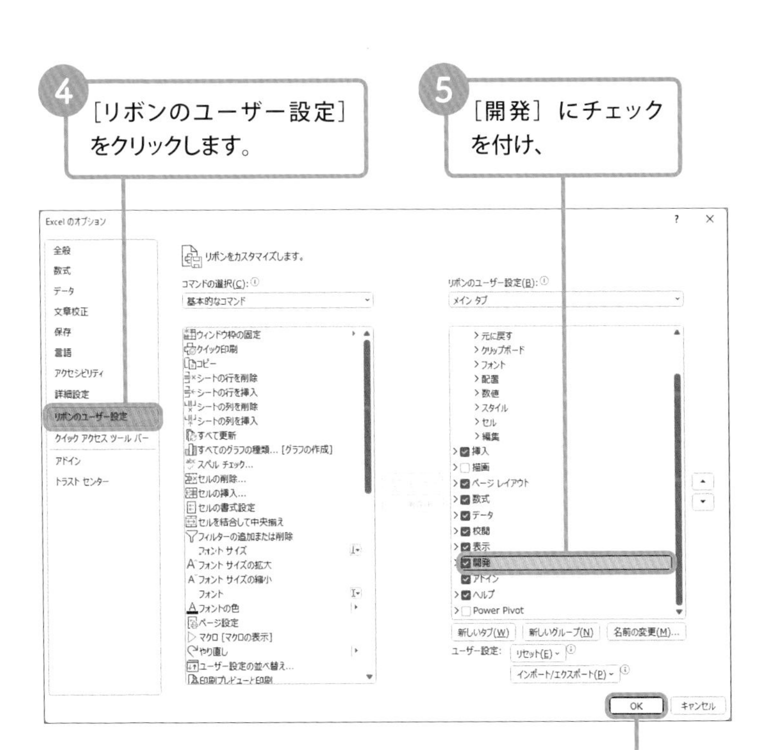
Excel のオプション
全般
数式
データ
文章校正
保存
言語
アクセシビリティ
詳細設定
リボンのユーザー設定
クイック アクセス ツール バー
アドイン
トラスト センター
リボンをカスタマイズします。
コマンドの選択(C):
基本的なコマンド
リボンのユーザー設定(B):
メイン タブ
元に戻す
クリップボード
フォント
配置
数値
スタイル
セル
編集
挿入
描画
ページ レイアウト
数式
データ
校閲
表示
開発
アドイン
ヘルプ
Power Pivot
新しいタブ(W)
新しいグループ(N)
名前の変更(M)...
ユーザー設定:
リセット(E)
インポート/エクスポート(P)
OK
キャンセル

6 ［OK］をクリックすると、

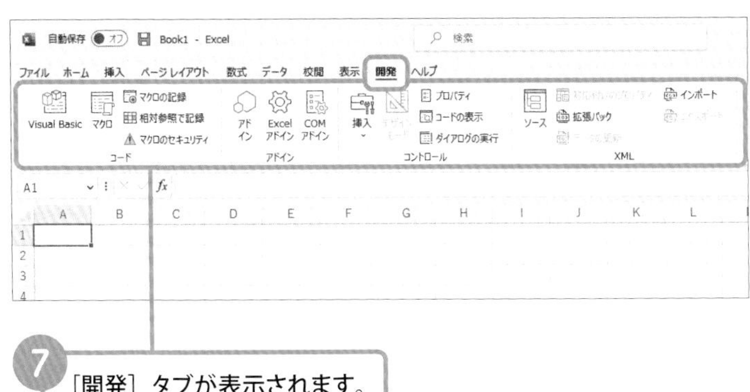
自動保存
オフ
Book1 - Excel
検索
ファイル
ホーム
挿入
ページ レイアウト
数式
データ
校閲
表示
開発
ヘルプ
Visual Basic
マクロ
マクロの記録
相対参照で記録
マクロのセキュリティ
コード
アドイン
Excel アドイン
COM アドイン
アドイン
挿入
プロパティ
コードの表示
ダイアログの実行
コントロール
ソース
拡張パック
インポート
XML
A1

7 ［開発］タブが表示されます。

Section 3

記録マクロを作成しよう

操作を記録する方法で、マクロを作成してみましょう。ここでは、選択しているセルの書式を変更するマクロを作成します。「記録開始」→「操作」→「記録終了」の流れで操作します。

1 操作を記録しよう

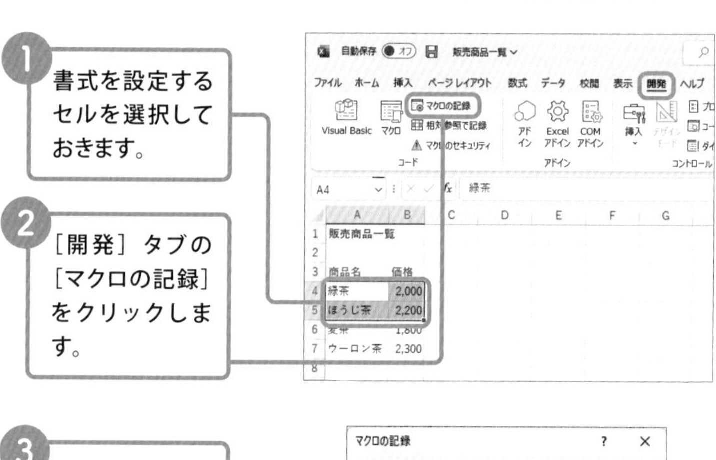

1 書式を設定するセルを選択しておきます。
2 ［開発］タブの［マクロの記録］をクリックします。
自動保存 オフ
販売商品一覧
ファイル
ホーム
挿入
ページレイアウト
数式
データ
校閲
表示
開発
ヘルプ
Visual Basic
マクロ
マクロの記録
相対参照で記録
マクロのセキュリティ
コード
アドイン
Excel アドイン
COM アドイン
アドイン
挿入
コントロール
A4
緑茶
販売商品一覧
商品名
価格
緑茶
2,000
ほうじ茶
2,200
ウーロン茶
2,300

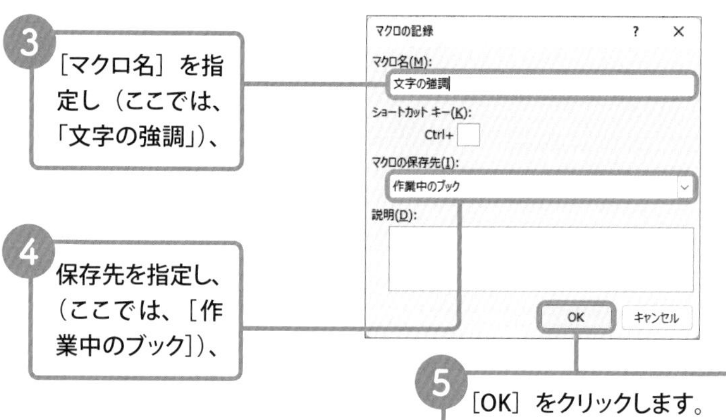

3 ［マクロ名］を指定し（ここでは、「文字の強調」）、
4 保存先を指定し、（ここでは、［作業中のブック］）、
5 ［OK］をクリックします。
マクロの記録
マクロ名(M):
文字の強調
ショートカット キー(K):
Ctrl+
マクロの保存先(I):
作業中のブック
説明(D):
OK
キャンセル

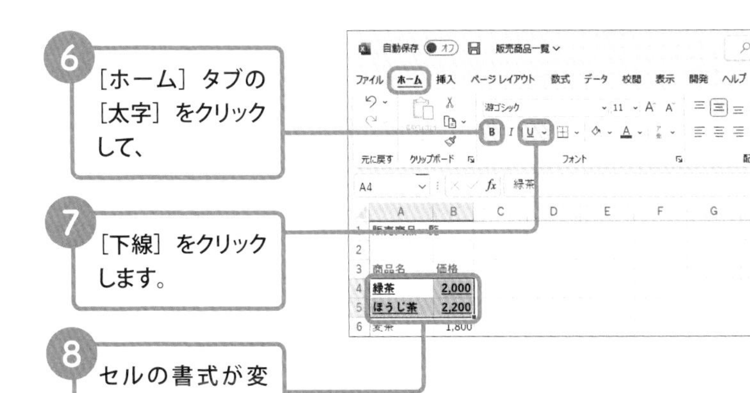
6
［ホーム］タブの［太字］をクリックして、
7
［下線］をクリックします。
8
セルの書式が変わります。

9
［開発］タブの［記録終了］をクリックします。

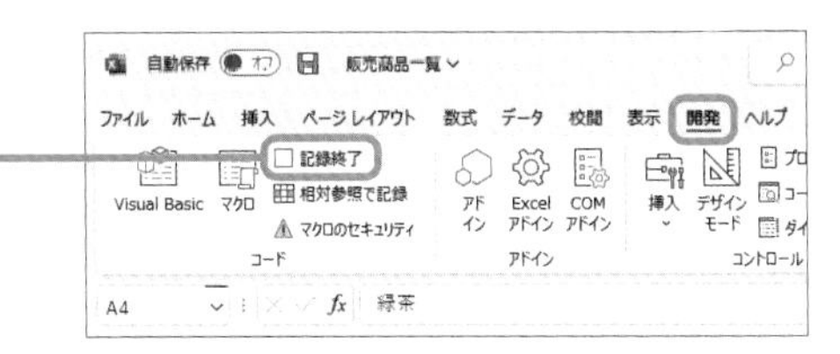

Memo ［マクロの記録］画面で指定する内容

［マクロの記録］画面では、次のような内容を指定します。

項目	内容
マクロ名	マクロ名の先頭文字は、アルファベット・ひらがな・漢字のいずれかにします。また、VBA で既に定義されているキーワードと同じ名前は指定できません。
ショートカットキー	マクロを実行するショートカットキーを設定できます。Ctrl ＋アルファベットキーや、Ctrl ＋ Shift ＋アルファベットキーを指定します。
マクロの保存先	「作業中のブック」にすると、そのブックを開いているときに、作成したマクロを利用できます。「個人用マクロブック」にすると、どのブックが開いていても、作成したマクロを利用できます。
説明	［説明］欄の内容は、コメント（46 ページ参照）として保存されます。

Section 4

マクロを含むブックを保存しよう

マクロを含んだブックは、「マクロ有効ブック」として保存します。マクロ有効ブックは、通常のExcelブックとはアイコンや拡張子が異なります。

1 マクロを含むブックを保存しよう

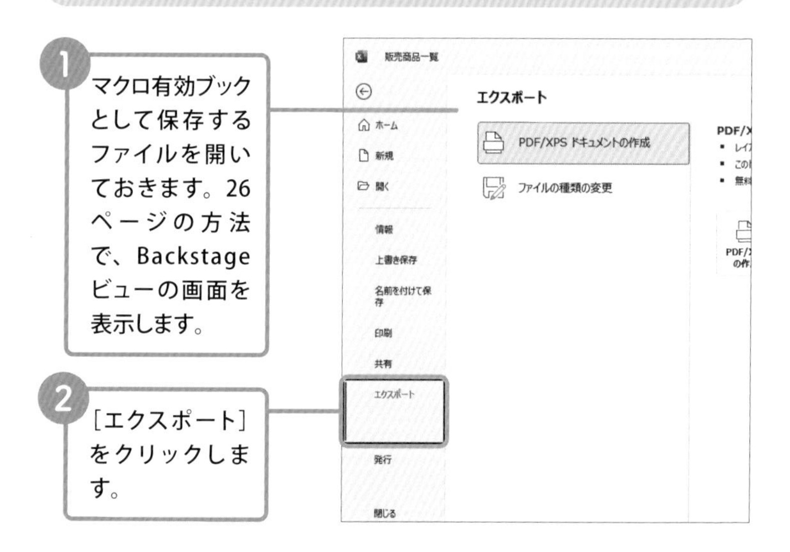

1 マクロ有効ブックとして保存するファイルを開いておきます。26ページの方法で、Backstageビューの画面を表示します。
2 [エクスポート]をクリックします。
販売商品一覧
エクスポート
ホーム
新規
開く
情報
上書き保存
名前を付けて保存
印刷
共有
エクスポート
発行
閉じる
PDF/XPS ドキュメントの作成
ファイルの種類の変更

Memo 拡張子：「.xlsx」と「.xlsm」

Excelのブックの拡張子は「.xlsx」です。一方、マクロを含むブックの拡張子は「.xlsm」です。

販売商品一覧.xlsx

販売商品一覧.xlsm

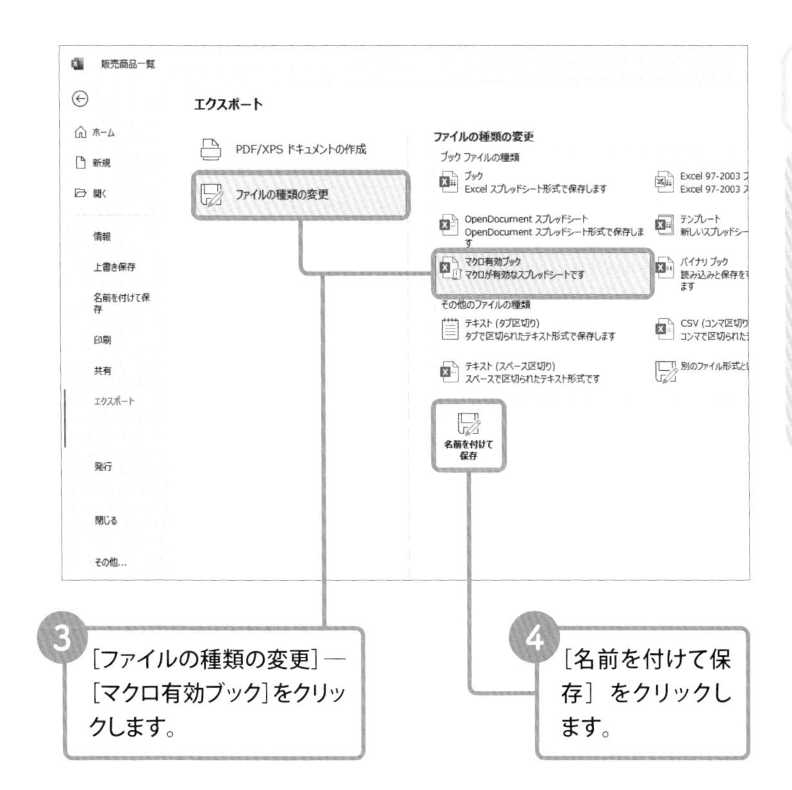
販売商品一覧
エクスポート
ホーム
新規
開く
情報
上書き保存
名前を付けて保存
印刷
共有
エクスポート
発行
閉じる
その他...
PDF/XPS ドキュメントの作成
ファイルの種類の変更
ファイルの種類の変更
ブック ファイルの種類
ブック
Excel スプレッドシート形式で保存します
OpenDocument スプレッドシート
OpenDocument スプレッドシート形式で保存します
マクロ有効ブック
マクロが有効なスプレッドシートです
その他のファイルの種類
テキスト (タブ区切り)
タブで区切られたテキスト形式で保存します
テキスト (スペース区切り)
スペースで区切られたテキスト形式です
名前を付けて保存

3 [ファイルの種類の変更] ― [マクロ有効ブック] をクリックします。

4 [名前を付けて保存] をクリックします。

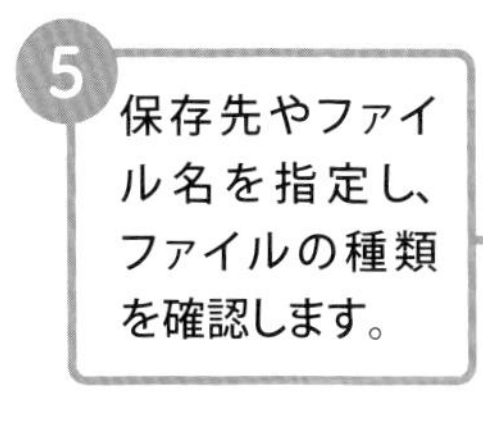

5 保存先やファイル名を指定し、ファイルの種類を確認します。

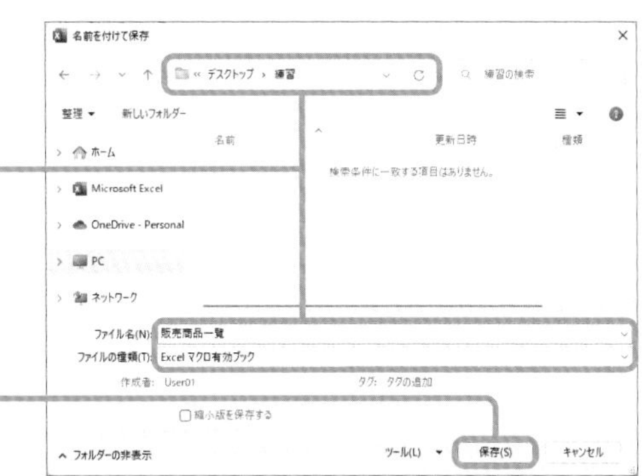
名前を付けて保存
デスクトップ › 練習
整理
新しいフォルダー
ホーム
Microsoft Excel
OneDrive - Personal
PC
ネットワーク
名前
更新日時
種類
検索条件に一致する項目はありません。
ファイル名(N): 販売商品一覧
ファイルの種類(T): Excel マクロ有効ブック
作成者: User01
タグ: タグの追加
縮小版を保存する
フォルダーの非表示
ツール(L)
保存(S)
キャンセル

6 [保存] をクリックします。

Section
5 マクロを含むブックを開こう

マクロを含むブックを開くと、マクロを悪用したウイルスの感染を防ぐため、通常は、マクロが無効になります。次の方法で有効にします。また、セキュリティの設定も確認します。

1 マクロを有効にしよう

1 マクロが含まれたブックを開きます。[コンテンツの有効化] をクリックします。

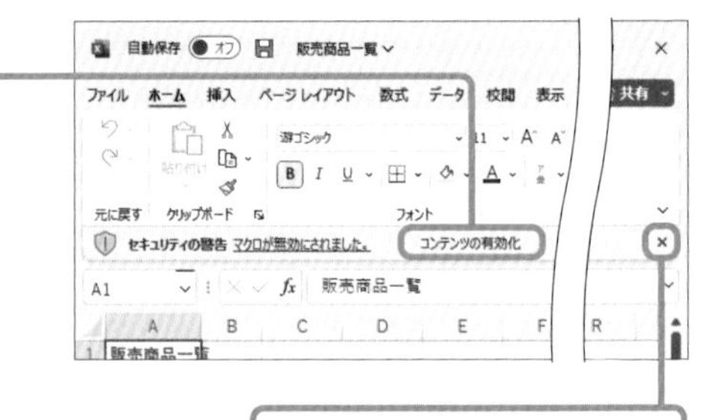

自動保存 オフ
販売商品一覧
ファイル ホーム 挿入 ページレイアウト 数式 データ 校閲 表示
共有
游ゴシック
11
元に戻す クリップボード フォント
セキュリティの警告 マクロが無効にされました。
コンテンツの有効化
A1
販売商品一覧

[×] をクリックすると、マクロが無効のままメッセージバーが閉じます。

Hint

[セキュリティリスク] のメッセージ

[セキュリティリスク] のメッセージが表示された場合は、218ページを参照してください。

Memo

Microsoft Excel のセキュリティに関する通知

VBE (42ページ) が起動しているときは、マクロを含むブックを開くと右の画面が表示されます。マクロを有効にするには、[マクロを有効にする] をクリックします。

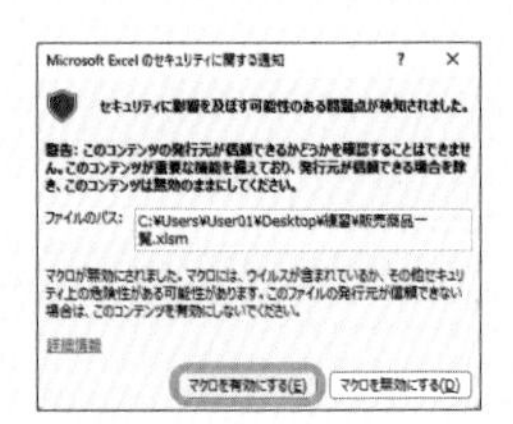

Microsoft Excel のセキュリティに関する通知
セキュリティに影響を及ぼす可能性のある問題点が検知されました。
マクロを有効にする(E)
マクロを無効にする(D)

2 セキュリティの設定を確認しよう

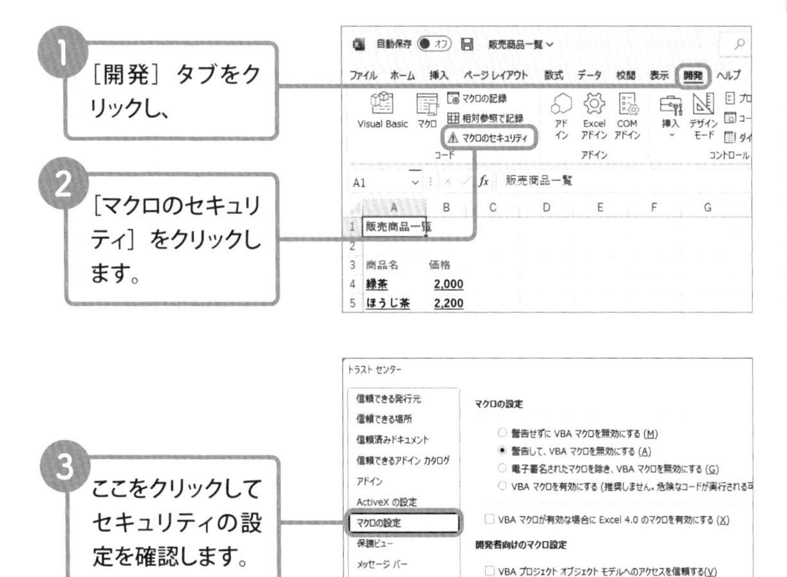
1 [開発] タブをクリックし、
2 [マクロのセキュリティ] をクリックします。
3 ここをクリックしてセキュリティの設定を確認します。
自動保存 オフ 販売商品一覧
ファイル ホーム 挿入 ページレイアウト 数式 データ 校閲 表示 開発 ヘルプ
Visual Basic マクロ マクロの記録 相対参照で記録 マクロのセキュリティ
コード
アドイン Excel アドイン COM アドイン
アドイン
挿入 デザイン モード
コントロール
A1 販売商品一覧
販売商品一覧
商品名 価格
緑茶 2,000
ほうじ茶 2,200
トラスト センター
信頼できる発行元
信頼できる場所
信頼済みドキュメント
信頼できるアドイン カタログ
アドイン
ActiveX の設定
マクロの設定
保護ビュー
メッセージ バー
外部コンテンツ
マクロの設定
警告せずに VBA マクロを無効にする (M)
警告して、VBA マクロを無効にする (A)
電子署名されたマクロを除き、VBA マクロを無効にする (G)
VBA マクロを有効にする (推奨しません。危険なコードが実行される可
VBA マクロが有効な場合に Excel 4.0 のマクロを有効にする (X)
開発者向けのマクロ設定
VBA プロジェクト オブジェクト モデルへのアクセスを信頼する(V)

Hint 再びメッセージバーを表示する

メッセージバーからマクロを有効にすると、信頼済みのドキュメントと見なされ、次にブックを開くと自動的にマクロが有効になります。再びメッセージバーが表示されるようにするには、上述の画面で、[信頼済みドキュメント] → [クリア] をクリックします。

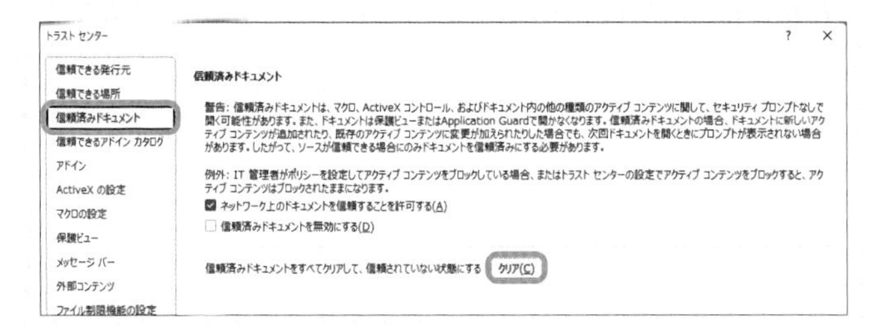
トラスト センター
信頼できる発行元
信頼できる場所
信頼済みドキュメント
信頼できるアドイン カタログ
アドイン
ActiveX の設定
マクロの設定
保護ビュー
メッセージ バー
外部コンテンツ
ファイル制限機能の設定
信頼済みドキュメント
警告: 信頼済みドキュメントは、マクロ、ActiveX コントロール、およびドキュメント内の他の種類のアクティブ コンテンツに関して、セキュリティ プロンプトなしで開く可能性があります。また、ドキュメントは保護ビューまたはApplication Guardで開かなくなります。信頼済みドキュメントの場合、ドキュメントに新しいアクティブ コンテンツが追加されたり、既存のアクティブ コンテンツに変更が加えられたりした場合でも、次回ドキュメントを開くときにプロンプトが表示されない場合があります。したがって、ソースが信頼できる場合にのみドキュメントを信頼済みにする必要があります。
例外: IT 管理者がポリシーを設定してアクティブ コンテンツをブロックしている場合、またはトラスト センターの設定でアクティブ コンテンツをブロックすると、アクティブ コンテンツはブロックされたままになります。
ネットワーク上のドキュメントを信頼することを許可する(A)
信頼済みドキュメントを無効にする(D)
信頼済みドキュメントをすべてクリアして、信頼されていない状態にする クリア(C)

Section 6

作成したマクロを実行しよう

マクロを実行するには、いくつかの方法があります。ここでは、［マクロ］画面を表示して、マクロを実行します。［マクロ］画面は、「Alt」＋「F8」キーを押して表示することもできます。

1 マクロの一覧からマクロを実行しよう

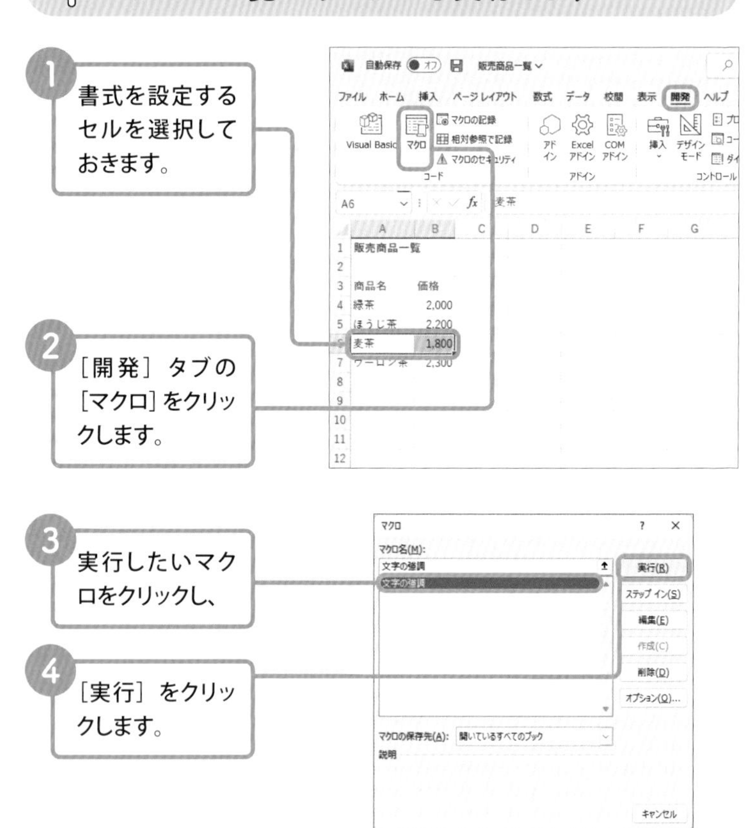

1 書式を設定するセルを選択しておきます。
2 ［開発］タブの［マクロ］をクリックします。
3 実行したいマクロをクリックし、
4 ［実行］をクリックします。
販売商品一覧
商品名
価格
緑茶
2,000
ほうじ茶
2,200
麦茶
1,800
ウーロン茶
2,300
マクロ名(M):
文字の強調
実行(R)
ステップ イン(S)
編集(E)
作成(C)
削除(D)
オプション(O)...
マクロの保存先(A):
開いているすべてのブック
説明
キャンセル

5 マクロが実行され、選択していたセルの書式が変わります。

	A	B	C	D	E	F	G
1	販売商品一覧						
2							
3	商品名	価格					
4	緑茶	2,000					
5	ほうじ茶	2,200					
6	**麦茶**	**1,800**					
7	ウーロン茶	2,300					
8							
9							
10							

Memo

余計なブックは閉じておく

マクロを実行すると、特に指定しない場合、アクティブブックを対象に操作が行われます。マクロの練習中は、サンプルファイル以外のブックは閉じておきましょう。

Hint

マクロを実行できない場合

マクロの設定で［警告して VBA マクロを無効にする］のチェックをオン（33 ページ参照）にしてもメッセージバーが表示されず、マクロを実行できない場合は、［トラストセンター］画面のメッセージバーをクリックし、［メッセージバーの表示］の設定を確認します。

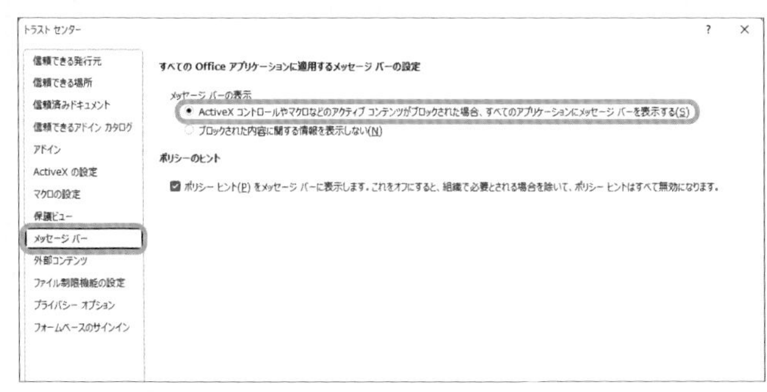
トラスト センター
信頼できる発行元
信頼できる場所
信頼済みドキュメント
信頼できるアドイン カタログ
アドイン
ActiveX の設定
マクロの設定
保護ビュー
メッセージ バー
外部コンテンツ
ファイル制限機能の設定
プライバシー オプション
フォームベースのサインイン
すべての Office アプリケーションに適用するメッセージ バーの設定
メッセージ バーの表示
ActiveX コントロールやマクロなどのアクティブ コンテンツがブロックされた場合、すべてのアプリケーションにメッセージ バーを表示する(S)
ブロックされた内容に関する情報を表示しない(N)
ポリシーのヒント
ポリシー ヒント(P) をメッセージ バーに表示します。これをオフにすると、組織で必要とされる場合を除いて、ポリシー ヒントはすべて無効になります。

Section 7

マクロをかんたんに実行できるようにしよう

マクロをかんたんに実行するには、画面左上のクイックアクセスツールバーにマクロを登録する方法があります。また、図形やイラストをクリックして、実行できるようにする方法もあります。

1 クイックアクセスツールバーにボタンを追加しよう

1 26ページの方法で、［Excelのオプション］画面を表示します。

2 ここをクリックし、

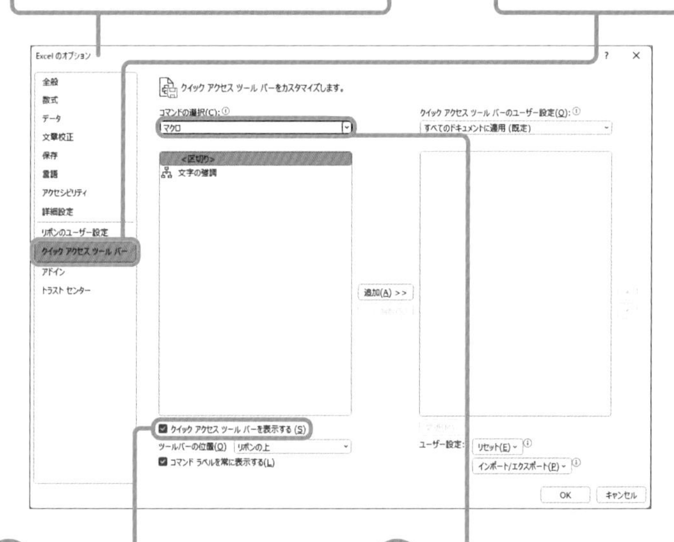
Excel のオプション
全般
数式
データ
文章校正
保存
言語
アクセシビリティ
詳細設定
リボンのユーザー設定
クイック アクセス ツール バー
アドイン
トラスト センター
クイック アクセス ツール バーをカスタマイズします。
コマンドの選択(C):
マクロ
<区切り>
文字の強調
クイック アクセス ツール バーのユーザー設定(Q):
すべてのドキュメントに適用 (既定)
追加(A) >>
クイック アクセス ツール バーを表示する (S)
ツールバーの位置(O) リボンの上
コマンド ラベルを常に表示する(L)
ユーザー設定:
リセット(E)
インポート/エクスポート(P)
OK
キャンセル

3 ここをクリックします（Excel2021やMicrosoft365の場合）。

4 ［コマンドの選択］欄から［マクロ］を選択します。

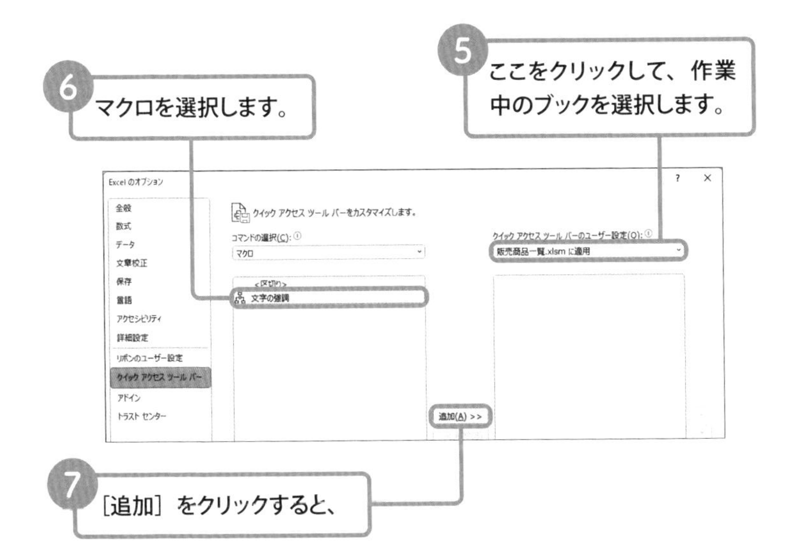
5 ここをクリックして、作業中のブックを選択します。
6 マクロを選択します。
Excel のオプション
全般
数式
データ
文章校正
保存
言語
アクセシビリティ
詳細設定
リボンのユーザー設定
クイック アクセス ツール バー
アドイン
トラスト センター
クイック アクセス ツール バーをカスタマイズします。
コマンドの選択(C):
マクロ
<区切り>
文字の強調
クイック アクセス ツール バーのユーザー設定(Q):
販売商品一覧.xlsm に適用
追加(A) >>
7 [追加] をクリックすると、

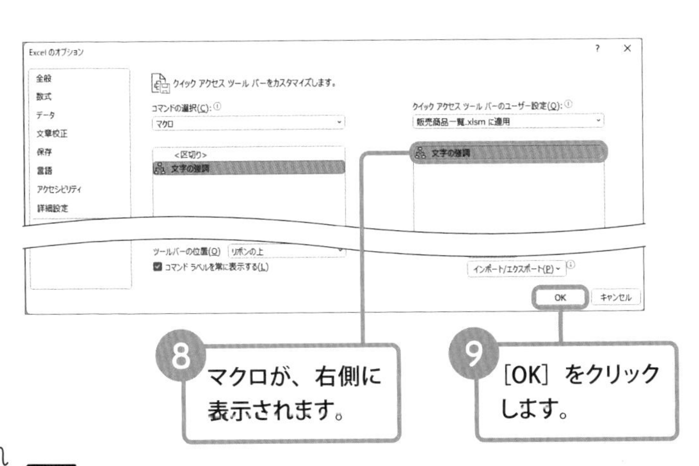
Excel のオプション
クイック アクセス ツール バーをカスタマイズします。
コマンドの選択(C):
マクロ
<区切り>
文字の強調
クイック アクセス ツール バーのユーザー設定(Q):
販売商品一覧.xlsm に適用
文字の強調
ツールバーの位置(O) リボンの上
コマンド ラベルを常に表示する(L)
インポート/エクスポート(P)
OK
キャンセル
8 マクロが、右側に表示されます。
9 [OK] をクリックします。

Hint

ボタンを削除する

クイックアクセスツールバーに追加したボタンを削除するには、削除したいボタンを右クリックして、[クイックアクセスツールバーから削除] をクリックします。

2 マクロを実行しよう

1 追加されたボタンを確認します。

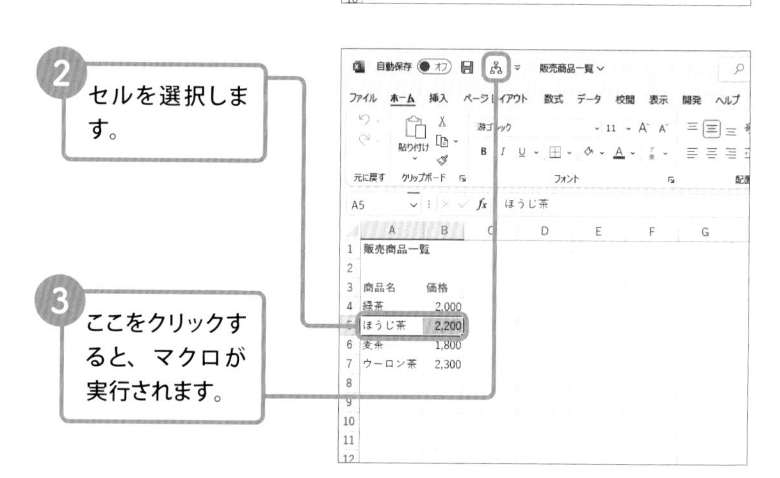
2 セルを選択します。
3 ここをクリックすると、マクロが実行されます。

Hint クイックアクセスツールバーをリセットする

クイックアクセスツールバーの設定をリセットするには、前のページの画面で、［リセット］—［クイックアクセスツールバーのみをリセット］を選択します。

3 図形にマクロを割り当てよう

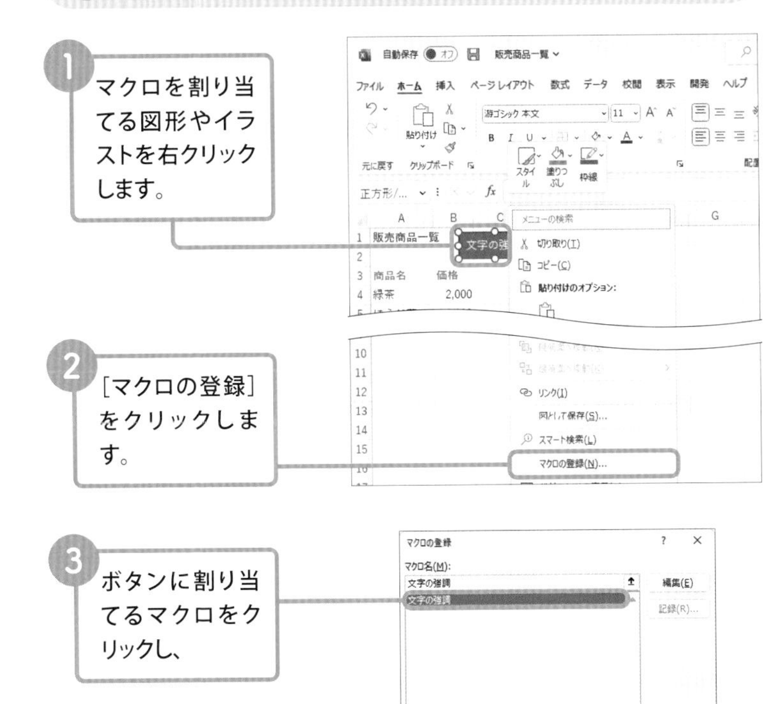
1 マクロを割り当てる図形やイラストを右クリックします。
2 [マクロの登録]をクリックします。
3 ボタンに割り当てるマクロをクリックし、
4 [OK] をクリックします。
文字の強
切り取り(T)
コピー(C)
貼り付けのオプション:
リンク(I)
図として保存(S)...
スマート検索(L)
マクロの登録(N)...
マクロの登録
マクロ名(M):
文字の強調
編集(E)
記録(R)...
マクロの保存先(A):
開いているすべてのブック
説明
OK
キャンセル

Hint 図形を描くには

ワークシートに図形を描くには、[挿入] タブの [図] → [図形] から書きたい図形をクリックし、ワークシート上をドラッグします。図形に文字を表示するには、図形を右クリックし、[テキストの編集] をクリックして、文字を入力します。

Section

8 マクロを削除しよう

マクロを削除します。なお、ここで紹介する方法で削除した場合、マクロを書くモジュール（80ページ参照）自体は残ります。モジュールが残っているとマクロを含むブックとみなされます。

1 マクロを削除しよう

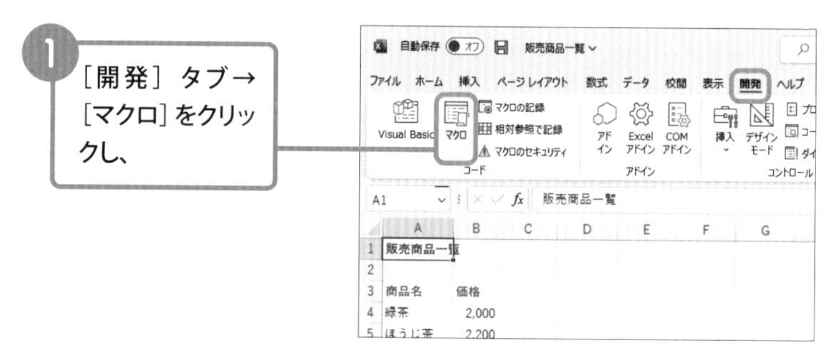
1
［開発］タブ→［マクロ］をクリックし、
自動保存 オフ 販売商品一覧
ファイル ホーム 挿入 ページレイアウト 数式 データ 校閲 表示 開発 ヘルプ
Visual Basic マクロ マクロの記録 相対参照で記録 マクロのセキュリティ
コード
アドイン Excel アドイン COM アドイン
アドイン
挿入 デザイン モード
コントロール
A1 販売商品一覧
販売商品一覧
商品名 価格
緑茶 2,000
ほうじ茶 2,200

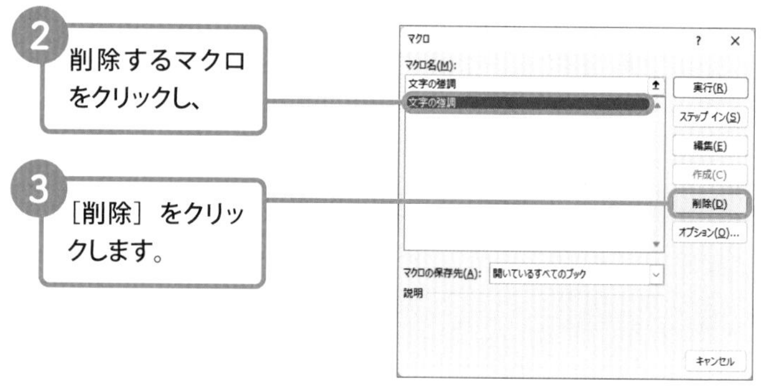
2
削除するマクロをクリックし、
3
［削除］をクリックします。
マクロ
マクロ名(M):
文字の強調
文字の強調
実行(R)
ステップ イン(S)
編集(E)
作成(C)
削除(D)
オプション(O)...
マクロの保存先(A): 開いているすべてのブック
説明
キャンセル

4
［はい］をクリックします。
Microsoft Excel
マクロ 文字の強調 を削除しますか?
はい(Y)
いいえ(N)

Chapter

2

マクロを編集して活用しよう

Section

Section

9 VBEの画面構成を知ろう

VBE を起動して 28 ページで作成したマクロの中身を見てみましょう。VBE からマクロを実行する方法や、ウィンドウの切り替え方法など、VBE の基本操作も知りましょう。

1 VBEを起動しよう

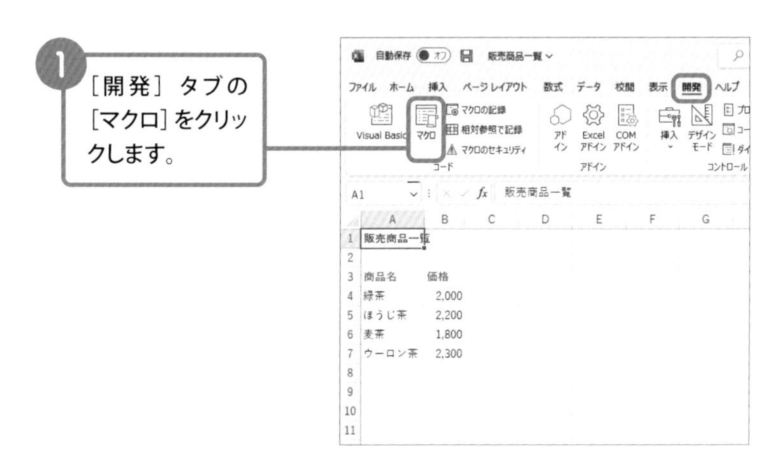

1
［開発］タブの［マクロ］をクリックします。
自動保存 オフ 販売商品一覧
ファイル ホーム 挿入 ページ レイアウト 数式 データ 校閲 表示 開発 ヘルプ
Visual Basic
マクロ
マクロの記録
相対参照で記録
マクロのセキュリティ
コード
アド イン
Excel アドイン
COM アドイン
アドイン
挿入
デザイン モード
コントロール
A1
販売商品一覧
販売商品一覧
商品名 価格
緑茶 2,000
ほうじ茶 2,200
麦茶 1,800
ウーロン茶 2,300

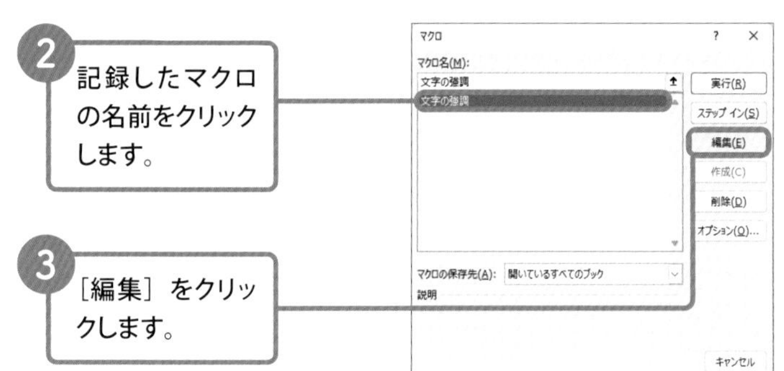

2
記録したマクロの名前をクリックします。
3
［編集］をクリックします。
マクロ
マクロ名(M):
文字の強調
文字の強調
実行(R)
ステップ イン(S)
編集(E)
作成(C)
削除(D)
オプション(O)...
マクロの保存先(A): 開いているすべてのブック
説明
キャンセル

2 VBEの画面構成を知ろう

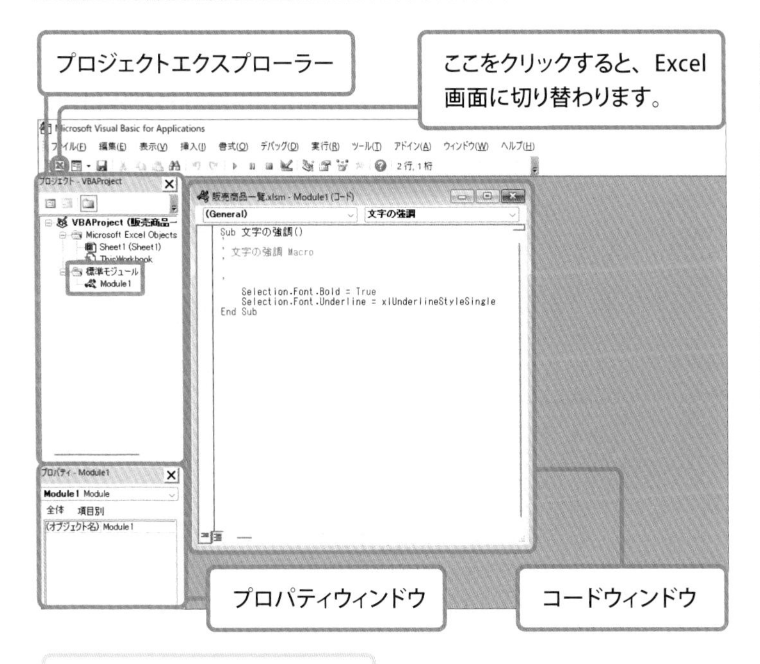

プロジェクトエクスプローラー
ここをクリックすると、Excel画面に切り替わります。
Microsoft Visual Basic for Applications
販売商品一覧.xlsm - Module1 (コード)
(General)
文字の強調
Sub 文字の強調()
' 文字の強調 Macro
Selection.Font.Bold = True
Selection.Font.Underline = xlUnderlineStyleSingle
End Sub
プロパティウィンドウ
コードウィンドウ

プロジェクトエクスプローラー

開いているブックと、その中に含まれるモジュール（80ページ参照）の一覧が表示されます。1つのブックには、通常、マクロを書くための複数のモジュールが含まれます。VBAでは、それらをまとめて、プロジェクトという単位で管理しています。

プロパティウィンドウ

プロジェクトエクスプローラーで選択している項目の詳細が表示されます。

コードウィンドウ

マクロを書くところです。なお、マクロを記録すると、最初は「標準」モジュールの「Module1」にマクロが書かれます。

3 VBEからマクロを実行しよう

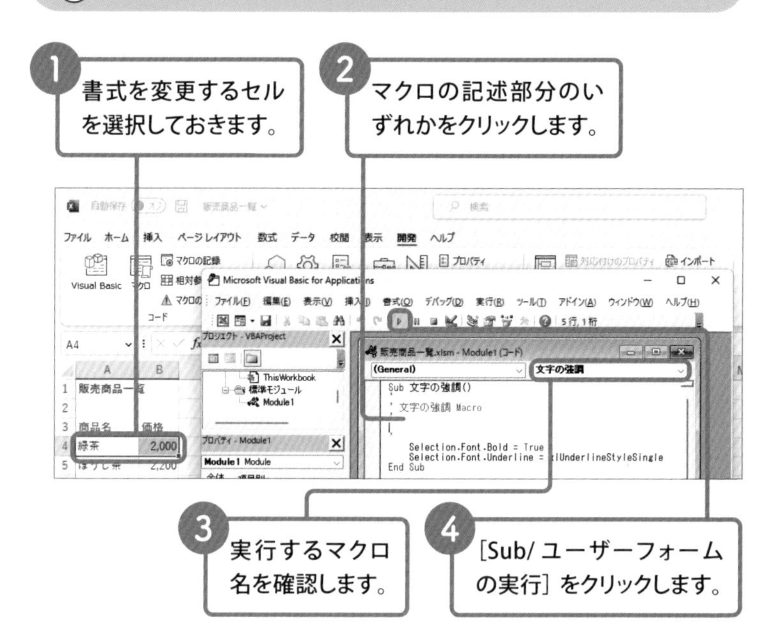

1 書式を変更するセルを選択しておきます。
2 マクロの記述部分のいずれかをクリックします。
3 実行するマクロ名を確認します。
4 [Sub/ユーザーフォームの実行] をクリックします。
Microsoft Visual Basic for Applications
販売商品一覧.xlsm - Module1 (コード)
(General)
文字の強調
Sub 文字の強調()
' 文字の強調 Macro
Selection.Font.Bold = True
Selection.Font.Underline = xlUnderlineStyleSingle
End Sub
販売商品一覧
商品名
価格
緑茶
2,000

5 マクロが実行され、セルの書式が変わります。

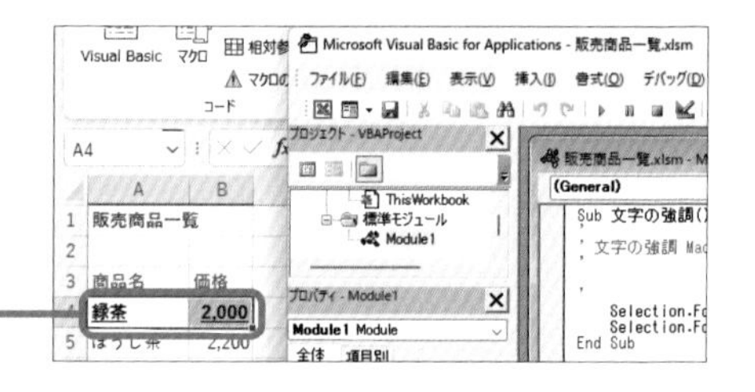

Microsoft Visual Basic for Applications - 販売商品一覧.xlsm
販売商品一覧
商品名
価格
緑茶
2,000

Hint 1ステップずつ実行する

マクロで実行する内容を1ステップずつ実行するには、手順③のあと F8 キーを押します。F8 キーを押すごとに1ステップずつマクロを実行できます。1ステップずつマクロを実行している途中で中断するには、［リセット］ボタンをクリックします。

4 ウィンドウを表示しよう

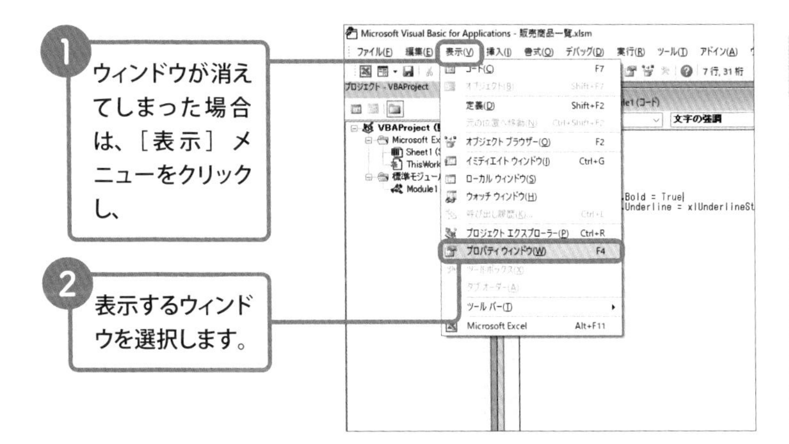

1 ウィンドウが消えてしまった場合は、［表示］メニューをクリックし、
2 表示するウィンドウを選択します。
Microsoft Visual Basic for Applications - 販売商品一覧.xlsm
ファイル(F) 編集(E) 表示(V) 挿入(I) 書式(O) デバッグ(D) 実行(R) ツール(T) アドイン(A)
コード(C) F7
定義(D) Shift+F2
オブジェクト ブラウザー(O) F2
イミディエイト ウィンドウ(I) Ctrl+G
ローカル ウィンドウ(S)
ウォッチ ウィンドウ(H)
プロジェクト エクスプローラー(P) Ctrl+R
プロパティ ウィンドウ(W) F4
ツール バー(T)
Microsoft Excel Alt+F11

Memo 「PERSONAL」ブックが表示される場合

プロジェクトエクスプローラーに「PERSONAL」が表示されている場合、個人用マクロブック（29ページ参照）が開いています。個人用マクロブックは、自動的に開かれますが、Excel画面では、通常非表示になっています。「PERSONAL」は、最初に「個人用マクロブック」にマクロを保存したときに作成されます。Windows11でExcel2021を使用している場合は、通常、「C:¥Users¥＜ユーザー名＞¥AppData¥Roaming¥Microsoft¥Excel¥XLSTART」に保存されています。隠しファイルを表示しない設定の場合、「フォルダー」のウィンドウで「表示」—「表示」—「隠しファイル」をクリックして隠しファイルを表示して確認します。

Memo ショートカットキー

VBEは、Alt＋F11キーでも起動できます。Alt＋F11キーで、VBEとExcel画面を交互に切り替えられます。

Section 10

記録マクロを修正しよう

記録マクロは、VBA に変換されて保存されています。ここでは、28 ページで作成したマクロを修正して二重下線を表示します。VBAの文法は気にせず、マクロを編集する感覚をつかみましょう。

1 マクロを書き変えよう

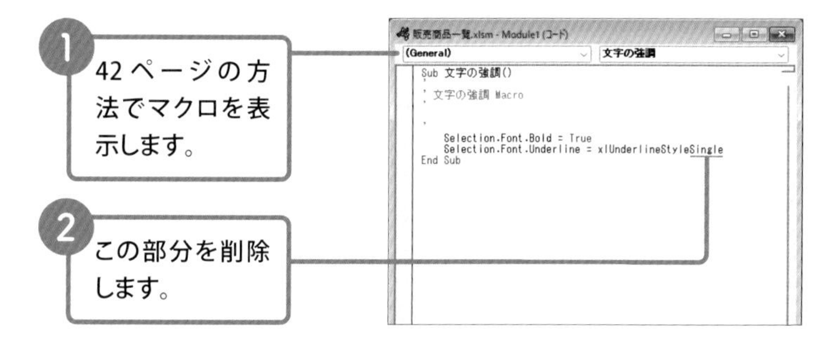

1 42 ページの方法でマクロを表示します。
2 この部分を削除します。
販売商品一覧.xlsm - Module1 (コード)
(General)
文字の強調
Sub 文字の強調()
' 文字の強調 Macro
Selection.Font.Bold = True
Selection.Font.Underline = xlUnderlineStyleSingle
End Sub


```
Sub 文字の強調()
    Selection.Font.Bold = True
    Selection.Font.Underline = xlUnderlineStyleDouble
End Sub
```

3 下線の指定部分を変更します。

Memo

コメント

緑の文字は、「コメント」と言います。マクロの中に書くメモのようなもので、マクロの動作には影響しません。「'」を入力し、続いて内容を入力します。

2 マクロを実行しよう

1 書式を変更するセルを選択しておきます。

2 マクロの記述部分のいずれかをクリックします。

3 実行するマクロ名を確認します。

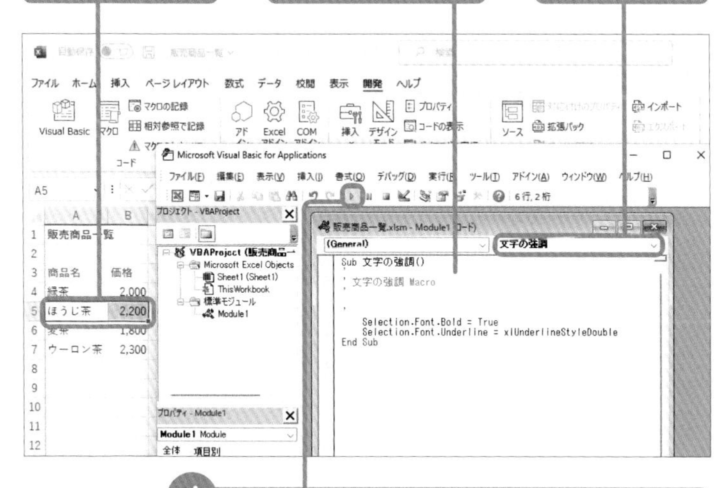

4 [Sub/ ユーザーフォームの実行] をクリックします。

5 マクロが実行されます。文字が太字になり、二重下線が表示されます。

Section 11

記録マクロの活用例 ①指定した範囲のデータを削除しよう

ここからは、記録マクロを作成して修正する例をいくつか紹介します。まずは、指定したセル範囲のデータを削除するマクロを作成します。VBA の文法は気にせず、マクロの扱いに慣れましょう。

1 マクロを記録しよう

1 [マクロの記録] 画面を表示し (28 ページ)、右のように指定して [OK] をクリックします。

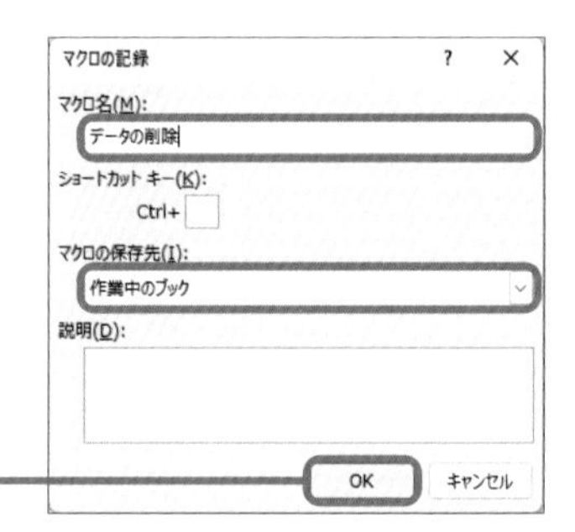

マクロの記録
マクロ名(M):
データの削除
ショートカット キー(K):
Ctrl+
マクロの保存先(I):
作業中のブック
説明(D):
OK
キャンセル

2 A4 セル～ C7 セルを選択します。

3 Delete キーを押します。

4 マクロの記録を終了します (29 ページ参照)。

自動保存
イベント一覧
ファイル
ホーム
挿入
ページ レイアウト
数式
データ
校閲
表示
Visual Basic
マクロ
記録終了
相対参照で記録
マクロのセキュリティ
コード
アドイン
Excel アドイン
COM アドイン
A4
101
日程表
3/5(日)
番号
日程
内容
101
4/1(土)
写真撮影会
102
4/22(土)
クイズ大会
103
5/14(日)
絵画展

2 マクロを修正しよう

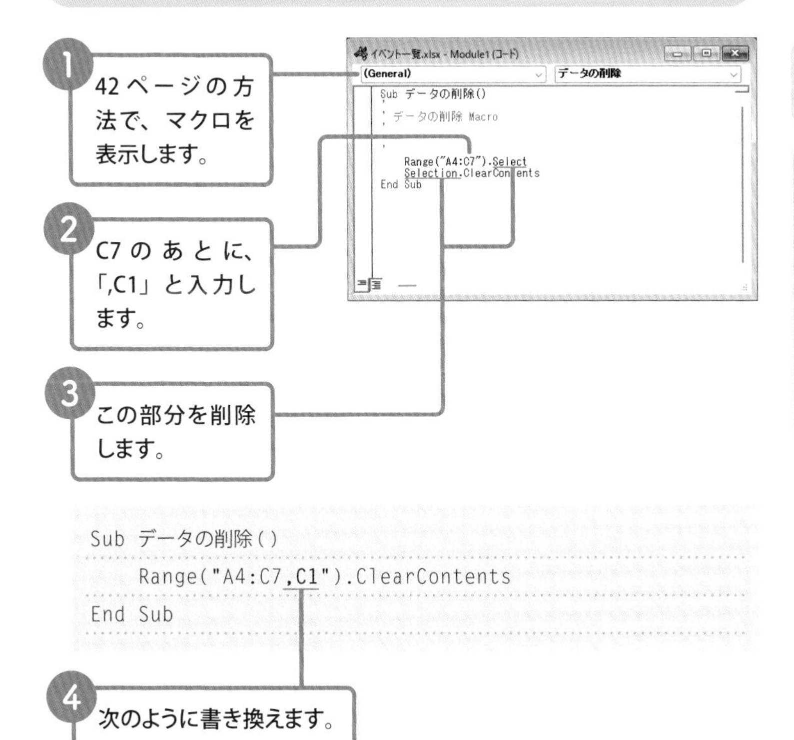

イベント一覧.xlsx - Module1 (コード)
(General)
データの削除
Sub データの削除()
' データの削除 Macro
Range("A4:C7").Select
Selection.ClearContents
End Sub
1 42ページの方法で、マクロを表示します。
2 C7のあとに、「,C1」と入力します。
3 この部分を削除します。
Sub データの削除()
Range("A4:C7,C1").ClearContents
End Sub
4 次のように書き換えます。

Memo ここで修正した内容

ここでは、データを削除するセル範囲を変更し、C1セルも追加します。また、セルを選択する操作は不要なので削除します。マクロを修正したらA4セル～C7セル、C1セルにデータを入力し、マクロを実行してみましょう。

Section 12

記録マクロの活用例 ②アクティブウィンドウの表示倍率を指定しよう

画面の表示倍率を 100%にするマクロを作成します。さらに、マクロをコピーして、表示倍率を 150%にするマクロを作成します。似たようなマクロは、コピーして作成すると便利です。

1 マクロを記録しよう

1 [マクロの記録] 画面を表示し(28 ページ)、右のように指定して [OK] をクリックします。

マクロの記録
マクロ名(M):
表示倍率の変更
ショートカット キー(K):
Ctrl+
マクロの保存先(I):
作業中のブック
説明(D):
OK
キャンセル

2 [表示] タブの [100%] をクリックします。

3 マクロの記録を終了します(29 ページ参照)。

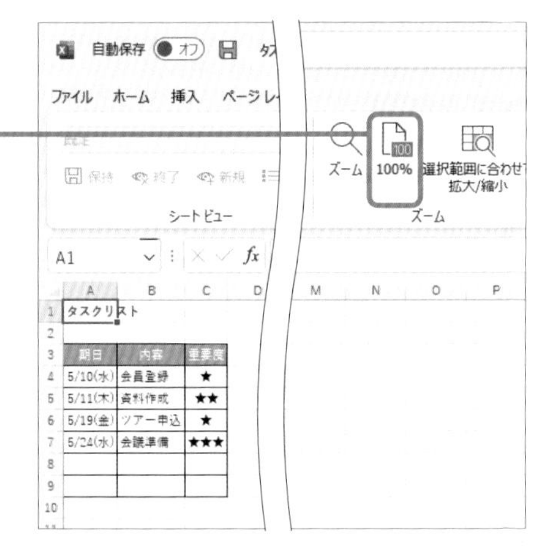

自動保存
オフ
ファイル
ホーム
挿入
ページレ
ズーム
100%
選択範囲に合わせて拡大/縮小
シートビュー
ズーム
A1
タスクリスト
期日
内容
重要度
5/10(水)
会員登録
★
5/11(木)
資料作成
★★
5/19(金)
ツアー申込
★
5/24(水)
会議準備
★★★

2 マクロをコピーして修正しよう

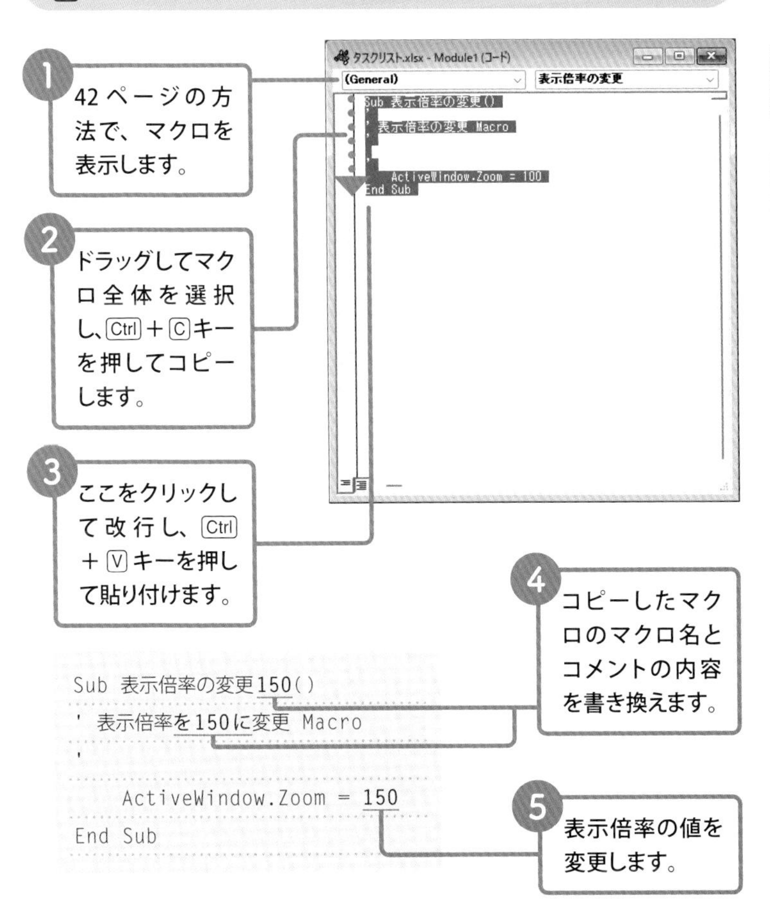

タスクリスト.xlsx - Module1 (コード)
(General)
表示倍率の変更
Sub 表示倍率の変更()
' 表示倍率の変更 Macro
'
ActiveWindow.Zoom = 100
End Sub
1 42ページの方法で、マクロを表示します。
2 ドラッグしてマクロ全体を選択し、Ctrl+Cキーを押してコピーします。
3 ここをクリックして改行し、Ctrl+Vキーを押して貼り付けます。
4 コピーしたマクロのマクロ名とコメントの内容を書き換えます。
5 表示倍率の値を変更します。
Sub 表示倍率の変更150()
' 表示倍率を150に変更 Macro
'
ActiveWindow.Zoom = 150
End Sub

Memo ここで修正した内容

ここでは、マクロをコピーして2つのマクロを作成しました。マクロの編集後は、マクロの実行を確認してみましょう。

Section 13

記録マクロの活用例 ③指定したデータを抽出しよう

ここでは、指定した条件に一致するデータを抽出するマクロを作成します。マクロを編集して抽出条件を変更すると、異なる条件でデータを抽出できるようになります。

1 マクロを記録しよう

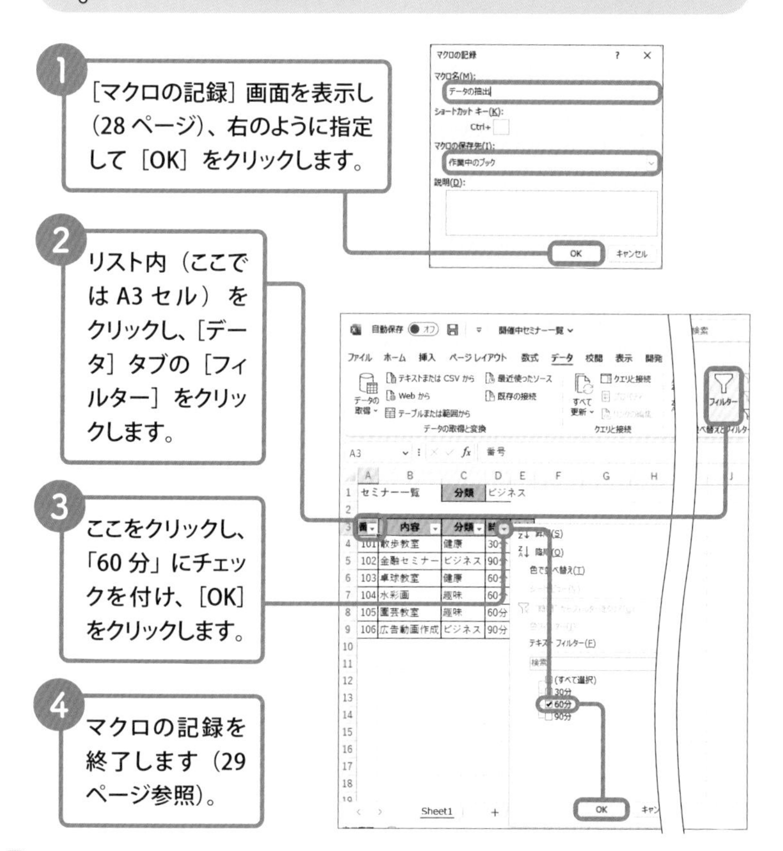

1
［マクロの記録］画面を表示し（28 ページ）、右のように指定して［OK］をクリックします。
マクロの記録
マクロ名(M):
データの抽出
ショートカット キー(K):
Ctrl+
マクロの保存先(I):
作業中のブック
説明(D):
OK
キャンセル
2
リスト内（ここでは A3 セル）をクリックし、［データ］タブの［フィルター］をクリックします。
フィルター
3
ここをクリックし、「60 分」にチェックを付け、［OK］をクリックします。
セミナー一覧
分類
ビジネス
60分
OK
4
マクロの記録を終了します（29 ページ参照）。

2 マクロを修正しよう

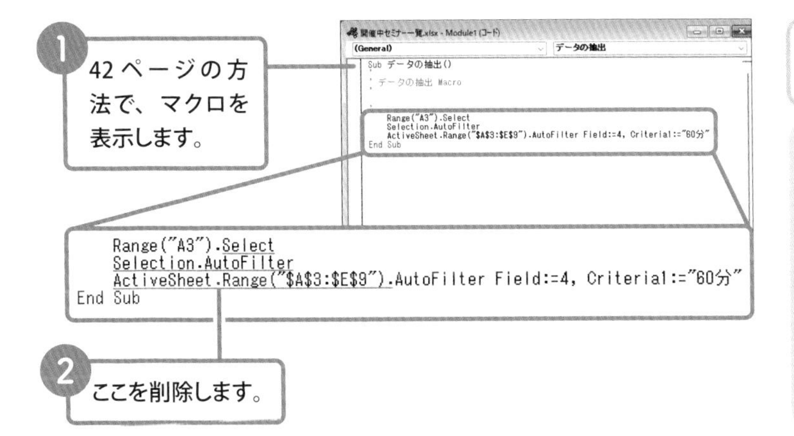

42ページの方法で、マクロを表示します。
開催中セミナー一覧.xlsx - Module1 (コード)
(General)
データの抽出
Sub データの抽出()
' データの抽出 Macro
Range("A3").Select
Selection.AutoFilter
ActiveSheet.Range("$A$3:$E$9").AutoFilter Field:=4, Criteria1:="60分"
End Sub
ここを削除します。

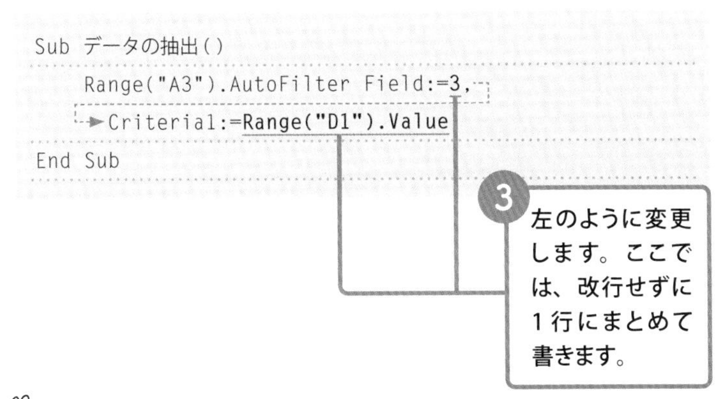

Sub データの抽出()
Range("A3").AutoFilter Field:=3,
Criteria1:=Range("D1").Value
End Sub
左のように変更します。ここでは、改行せずに1行にまとめて書きます。

Hint ここで修正した内容

A3セルを基準にオートフィルターを実行します。セルを選択する操作などは不要なので削除します。抽出条件は「左から4列目の時間が60分」から「左から3列目の分類がD1セルの内容と同じ」に変更します。マクロの修正後は、フィルター条件をすべて解除したあと、D1セルに抽出条件を指定し、マクロを実行してみましょう。

Section 14

記録マクロの活用例④相対参照で操作を記録しよう

記録マクロを作成するときは、セルの参照方法を絶対参照にするか相対参照にするか指定できます。相対参照とは、アクティブセルを基準に相対的にセルの場所を参照する方法です。

1 相対参照で記録しよう

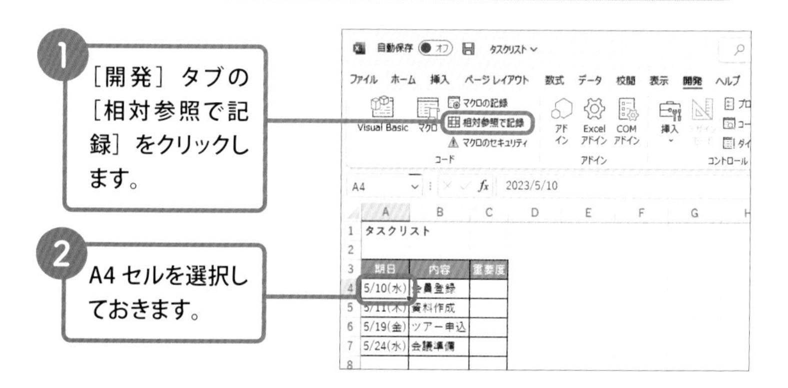

1 ［開発］タブの［相対参照で記録］をクリックします。

2 A4 セルを選択しておきます。

3 ［マクロの記録］画面を表示し（28 ページ）、右のように指定して［OK］をクリックします。

2 操作を記録しよう

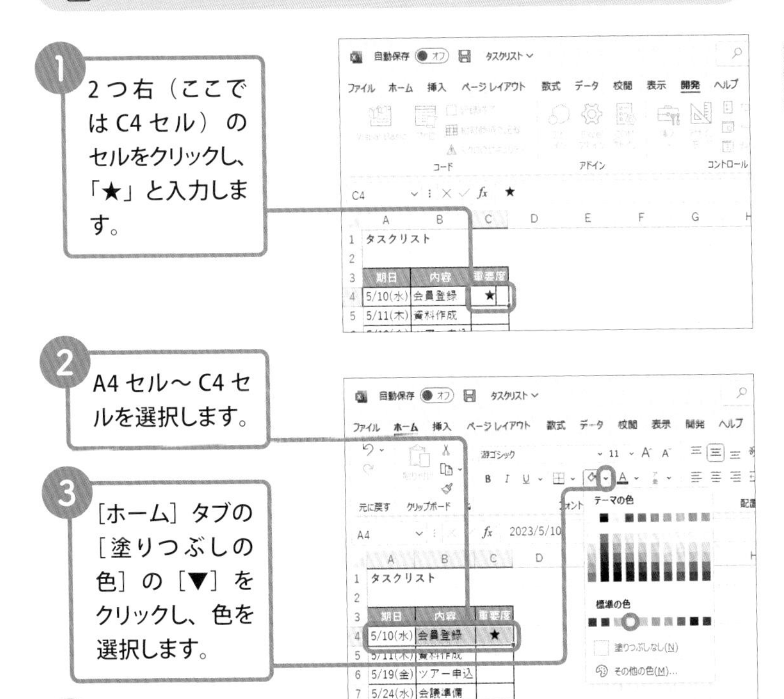

1
2つ右（ここではC4セル）のセルをクリックし、「★」と入力します。
2
A4セル～C4セルを選択します。
3
[ホーム]タブの[塗りつぶしの色]の[▼]をクリックし、色を選択します。
4
マクロの記録を終了します（29ページ参照）。
自動保存
タスクリスト
ファイル
ホーム
挿入
ページレイアウト
数式
データ
校閲
表示
開発
ヘルプ
コード
アドイン
コントロール
C4
タスクリスト
期日
内容
重要度
5/10(水)
会員登録
★
5/11(木)
資料作成
游ゴシック
元に戻す
クリップボード
A4
2023/5/10
テーマの色
標準の色
塗りつぶしなし(N)
その他の色(M)...
5/19(金)
ツアー申込
5/24(水)
会議準備

Memo ここで記録する内容について

ここでは、リストからタスクの重要度が星ひとつのデータを区別するマクロを作成します。A4セルを選択した状態から操作を記録します。記録する操作は、「2つ右のセルに「★」を入力する」「選択しているセルから2つ右までのセルの色を変更する」です。

3 マクロを修正しよう

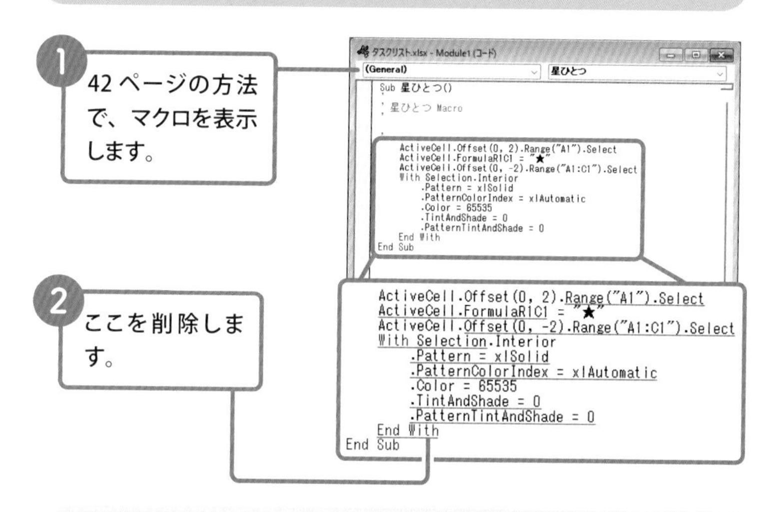
1
42ページの方法で、マクロを表示します。
タスクリスト.xlsx - Module1 (コード)
(General)
星ひとつ
Sub 星ひとつ()
' 星ひとつ Macro
2
ここを削除します。
ActiveCell.Offset(0, 2).Range("A1").Select
ActiveCell.FormulaR1C1 = "★"
ActiveCell.Offset(0, -2).Range("A1:C1").Select
With Selection.Interior
.Pattern = xlSolid
.PatternColorIndex = xlAutomatic
.Color = 65535
.TintAndShade = 0
.PatternTintAndShade = 0
End With
End Sub

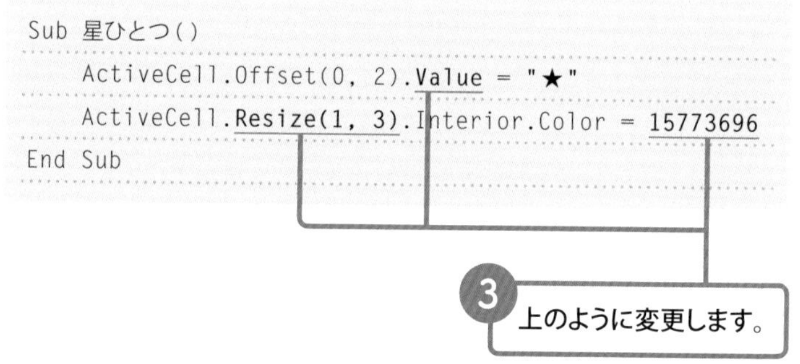
Sub 星ひとつ()
ActiveCell.Offset(0, 2).Value = "★"
ActiveCell.Resize(1, 3).Interior.Color = 15773696
End Sub
3
上のように変更します。

Hint ここで修正した内容

ここでは、アクティブセルの位置を基準に2つ右のセルに文字を入力します。また、セル範囲を拡大して2つ右までのセルの背景色を、指定した色に変更します。マクロの書き方は、次の章から紹介します。ここでは、マクロの文法は気にせず、マクロをシンプルに書き換えてみましょう。セルを選択したりする操作は不要なので削除します。

4 マクロを実行しよう

相対参照で記録したマクロを実行してみましょう。ここでは、A6 セルを選択した状態でマクロを実行します。

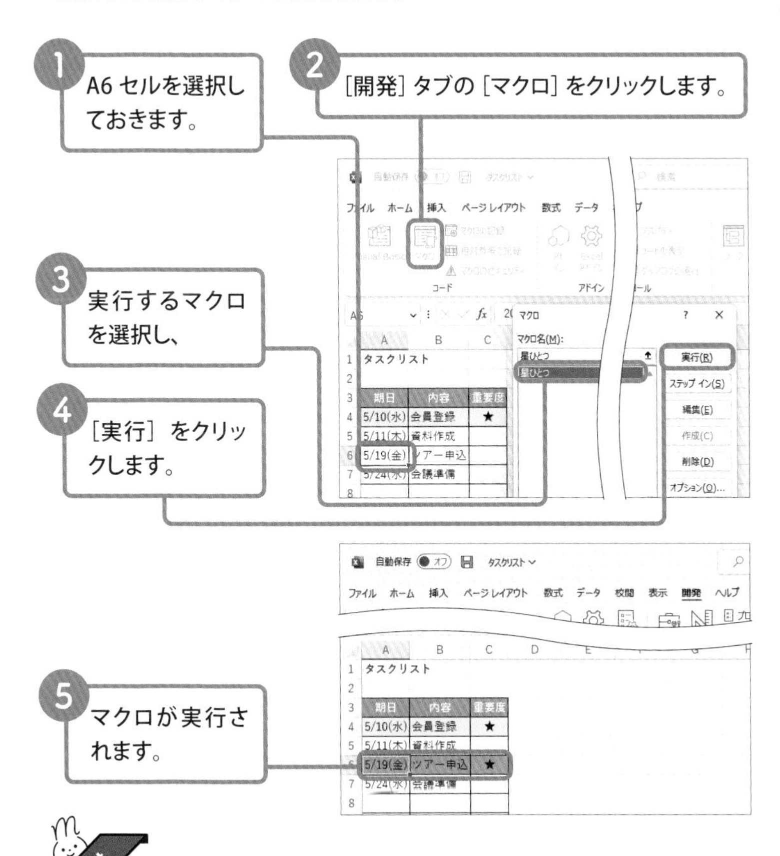

1 A6 セルを選択しておきます。
2 [開発] タブの [マクロ] をクリックします。
3 実行するマクロを選択し、
4 [実行] をクリックします。
5 マクロが実行されます。
マクロ
マクロ名(M):
星ひとつ
実行(R)
ステップ イン(S)
編集(E)
作成(C)
削除(D)
オプション(O)...
自動保存
タスクリスト
ファイル
ホーム
挿入
ページレイアウト
数式
データ
校閲
表示
開発
ヘルプ
タスクリスト
期日
内容
重要度
5/10(水)
会員登録
★
5/11(木)
資料作成
5/19(金)
ツアー申込
★
5/24(水)
会議準備

Hint 絶対参照に戻す

[開発] タブの [相対参照] をクリックすると、相対参照で記録する状態のままになります。元のように絶対参照で記録するには、[相対参照] をクリックしてオフにします。

Section 15

記録マクロの活用例 ⑤新しいブックにシートをコピーしよう

ここでは、選択したシートを新しいブックにコピーするマクロを作成します。記録されたマクロを編集して、アクティブシートをコピーする内容に変更します。

1 マクロを記録しよう

1 ［マクロの記録］画面を表示し（28ページ）、右のように指定して［OK］をクリックします。

マクロの記録
マクロ名(M):
新しいブックにコピー
ショートカット キー(K):
Ctrl+
マクロの保存先(I):
作業中のブック
説明(D):
OK キャンセル

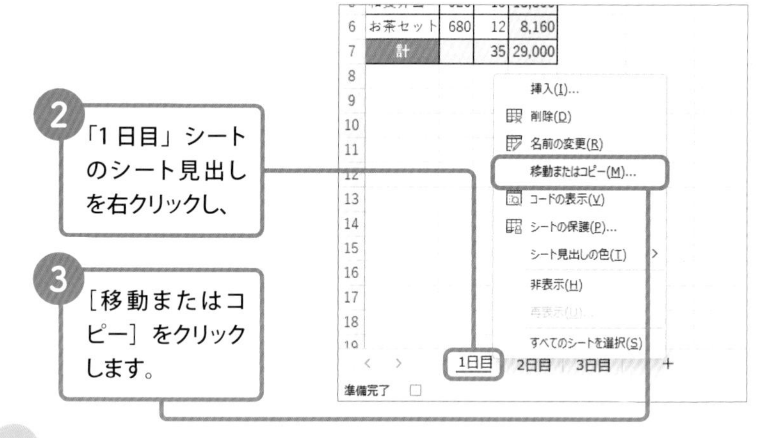

6 お茶セット 680 12 8,160
7 計 35 29,000
挿入(I)...
削除(D)
名前の変更(R)
移動またはコピー(M)...
コードの表示(V)
シートの保護(P)...
シート見出しの色(T)
非表示(H)
再表示(U)...
すべてのシートを選択(S)
1日目 2日目 3日目
準備完了

2 「1日目」シートのシート見出しを右クリックし、

3 ［移動またはコピー］をクリックします。

4 ここをクリックして[(新しいブック)]を選択します。

5 ここをクリックします。

6 [OK] をクリックします。

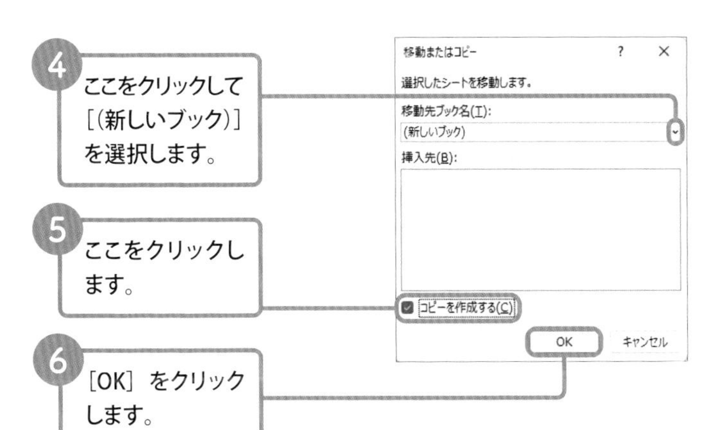

移動またはコピー
選択したシートを移動します。
移動先ブック名(T):
(新しいブック)
挿入先(B):
コピーを作成する(C)
OK
キャンセル

7 新しいブックに「1日目」シートがコピーされます。[閉じる] をクリックします。ファイルの保存画面が表示されたら [保存しない] をクリックして画面を閉じます。

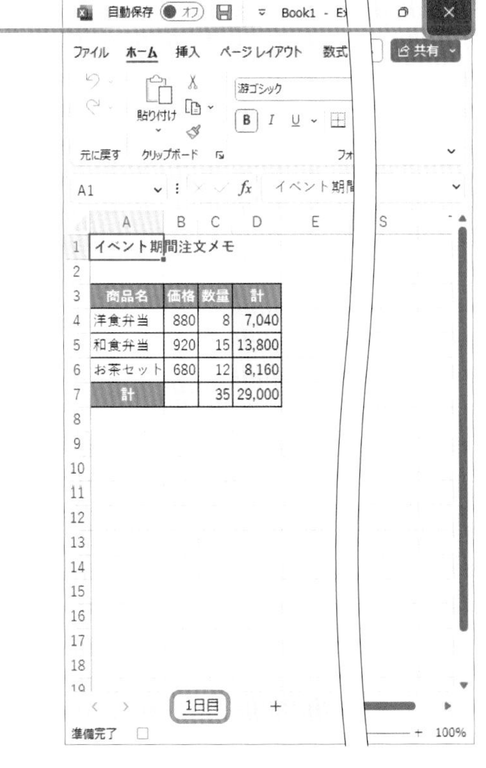

自動保存
オフ
Book1 - Ex
ファイル
ホーム
挿入
ページ レイアウト
数式
共有
貼り付け
游ゴシック
元に戻す
クリップボード
A1
イベント期間注文メモ
商品名
価格
数量
計
洋食弁当
880
8
7,040
和食弁当
920
15
13,800
お茶セット
680
12
8,160
計
35
29,000
1日目
準備完了
100%

8 マクロの記録を終了します(29ページ参照)。

2 マクロを修正しよう

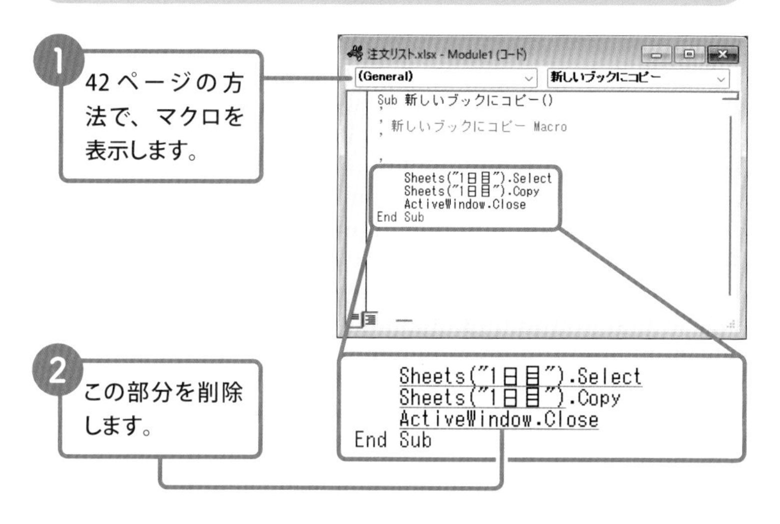

1 42ページの方法で、マクロを表示します。
注文リスト.xlsx - Module1 (コード)
(General)
新しいブックにコピー
Sub 新しいブックにコピー()
' 新しいブックにコピー Macro
Sheets("1日目").Select
Sheets("1日目").Copy
ActiveWindow.Close
End Sub
2 この部分を削除します。


```
Sub 新しいブックにコピー()
    ActiveSheet.Copy
End Sub
```

3 上のように変更します。

Hint ここで修正した内容

操作を記録すると、セルやシートを選択したりする操作が記録されますが、VBAでマクロを書くときは、セルやシートを選択しなくても扱えます。ここでは、シートを選択する操作を削除します。また、アクティブシートがコピーされるようにします。マクロの修正後は、いずれかのシートを選択してマクロを実行してみましょう。

Chapter

3

VBAの基本的な文法を知ろう

Section

Section
16 VBAの仕組みを知ろう

マクロは、VBA（Visual Basic for Applications）というプログラミング言語を使って記述します。この章では、VBA の基本的な記述のルールを紹介します。

1 操作を指示するには？

Excel では、セルやシートなどを選択しながらさまざまな操作を行います。VBA では、操作対象のオブジェクトを取得し、オブジェクトのプロパティやメソッドを使用して実行する内容を指示します。

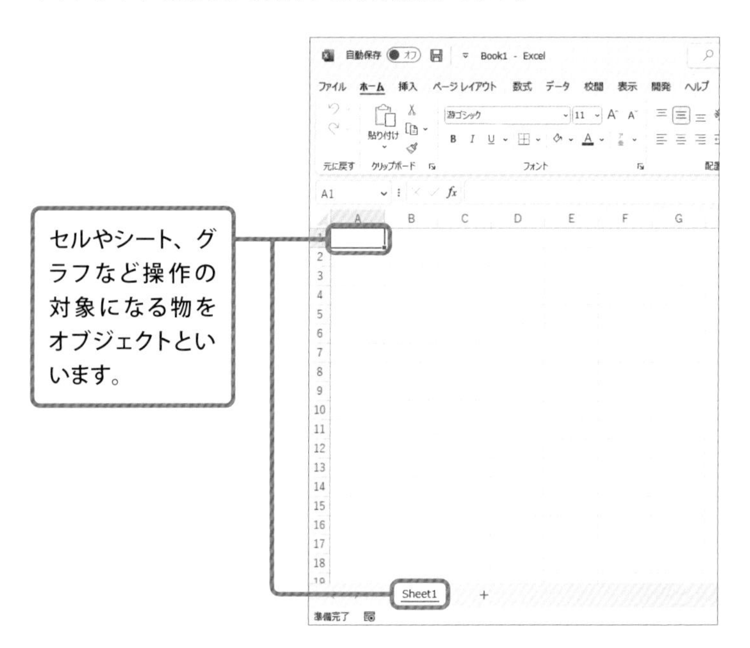

自動保存
オフ
Book1 - Excel
ファイル
ホーム
挿入
ページレイアウト
数式
データ
校閲
表示
開発
ヘルプ
游ゴシック
11
貼り付け
元に戻す
クリップボード
フォント
A1
A
B
C
D
E
F
G
Sheet1
準備完了
セルやシート、グラフなど操作の対象になる物をオブジェクトといいます。

2 VBEを起動しよう

マクロを作成・編集するには、記録マクロを編集するときにも使用したVBE（Visual Basic Editor）を使用します。VBE を起動して、マクロを書くモジュールというシートを用意し、簡単なマクロを作成します。

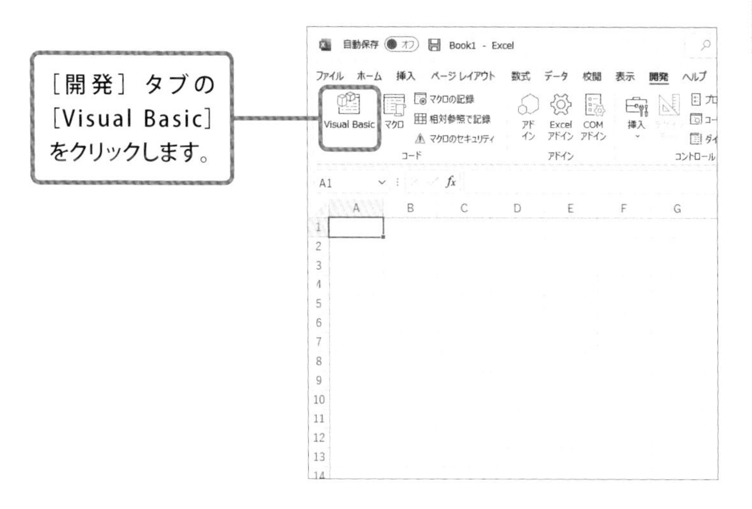
[開発］タブの[Visual Basic]をクリックします。
自動保存 オフ Book1 - Excel
ファイル ホーム 挿入 ページレイアウト 数式 データ 校閲 表示 開発 ヘルプ
Visual Basic
マクロ
マクロの記録
相対参照で記録
マクロのセキュリティ
コード
アドイン
Excel アドイン
COM アドイン
挿入
コントロール

Microsoft Visual Basic for Applications - Book1.xlsm
プロジェクト - VBAProject
VBAProject (Book1.xls
Microsoft Excel Objects
Sheet1 (Sheet1)
ThisWorkbook
標準モジュール
Module1
プロパティ - Module1
Module1 Module
全体 項目別
(オブジェクト名) Module1
Book1.xlsm - Module1 (コード)
(General)
練習
Sub 練習()
Range("A1").Value = "おはよう"
Range("B2").Select
MsgBox "こんにちは"
End Sub

VBE が起動します。マクロを書くモジュールを追加してマクロを作成する方法を紹介します。

Section 17

VBAの基本的な書き方を知ろう

VBA を利用してマクロを作成するためには、VBA の文法を知る必要があります。ここでは、「値の取得」「値の設定」「動作の指示」という基本的な 3 つの書き方を解説します。

1 オブジェクトに対して指示をしよう

VBA では、操作の対象になる「何か」（オブジェクト）に対して指示をします。

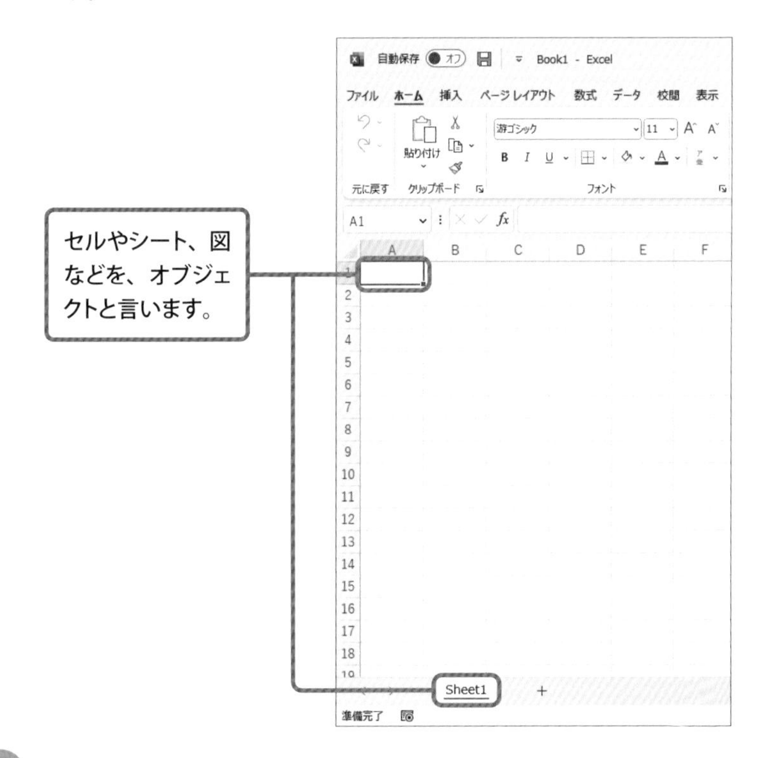

セルやシート、図などを、オブジェクトと言います。
自動保存
オフ
Book1 - Excel
ファイル
ホーム
挿入
ページレイアウト
数式
データ
校閲
表示
貼り付け
游ゴシック
11
元に戻す
クリップボード
フォント
A1
Sheet1
準備完了

2 基本的な3つの書き方を知ろう

何かの値を取得する（67 ページ参照）

何か . 属性名

例
A1 セルの内容を知る
A1 セル . 内容

何かの値を設定する（67 ページ参照）

何か . 属性名 = 値

例
A1 セルの内容を「100」にする
A1 セル . 内容= 100

何かの動作を指示する（68 ページ参照）

何か . 動作名

例
A1 セルを、選択する
A1 セル . 選択

Hint

記録マクロとヘルプを活用しよう

オブジェクトとは、Excel の「セル」「グラフ」など、操作の対象になるものですが、Excel で操作をするときの呼び方とは異なります。慣れないうちは用語の違いに戸惑うことがあるかもしれません。そのようなときは、記録マクロを利用するのも 1 つの方法です。目的の操作を記録して、記録マクロを見れば、どのオブジェクトを扱っているか見えてくることもあります。わからない用語を調べるにはヘルプ機能が役立ちます（Sec.28 を参照）。

Section

18 プロパティを理解しよう

VBA では、オブジェクト（Sec.20）に対して、さまざまな指示をしながら処理を書きます。ここでは、オブジェクトの特徴や性質を示す「プロパティ」について学びましょう。

1 プロパティって何？

「プロパティ」とは、オブジェクトの特徴や性質を示すものです。たとえば、A1 セルを表すオブジェクトのプロパティには、「セルの内容」「行番号」「列番号」などを表すものがあります。オブジェクトによって利用できるプロパティは異なります。

自動保存
オフ
Book1 - Excel
検索
ファイル
ホーム
挿入
ページレイアウト
数式
データ
校閲
表示
開発
ヘルプ
游ゴシック
11
標準
元に戻す
クリップボード
フォント
配置
数値
条件付き書式
A1

プロパティのいろいろ・・
「オブジェクト：セル」の場合

Value プロパティ	セルの内容
Row プロパティ	行番号
Column プロパティ	列番号

2 プロパティの値を取得・設定しよう

VBAでは、オブジェクトのプロパティの値を取得したり、値を設定したりしながら、さまざまな処理を書きます。プロパティによっては、値の取得しかできないものもあります。

値を取得する

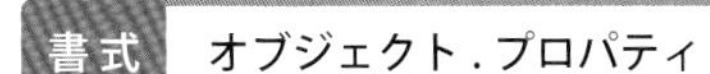

書式 オブジェクト.プロパティ

解説 オブジェクトと、プロパティをピリオドで区切って書きます。

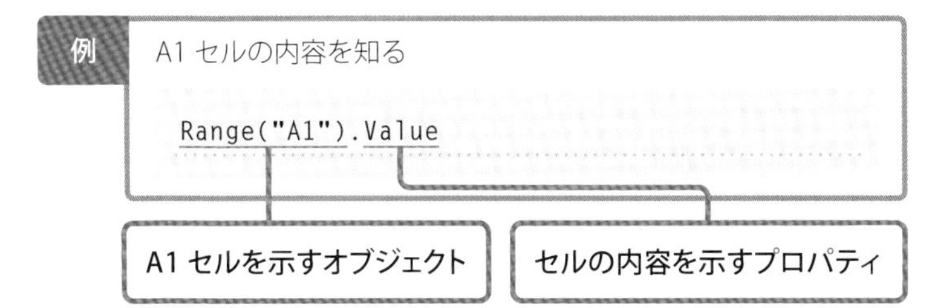
例
A1セルの内容を知る
Range("A1").Value
A1セルを示すオブジェクト
セルの内容を示すプロパティ

値を設定する

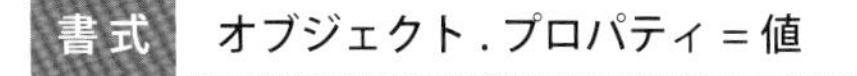

書式 オブジェクト.プロパティ＝値

解説 オブジェクトとプロパティをピリオドで区切って書き、「=」のあとに設定値を書きます。

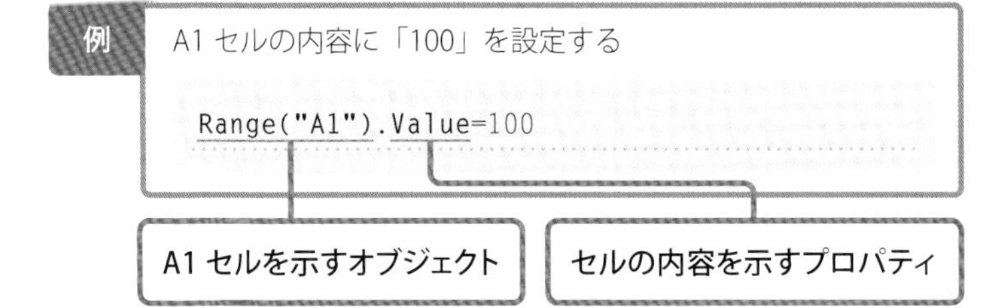
例
A1セルの内容に「100」を設定する
Range("A1").Value=100
A1セルを示すオブジェクト
セルの内容を示すプロパティ

Section
19 メソッドを理解しよう

VBA では、オブジェクト（Sec.20）に対して、さまざまな指示をしながら処理を記述します。ここでは、オブジェクトの動作を指示するための「メソッド」について学びましょう。

1 メソッドって何？

「メソッド」とは、オブジェクトに対して動作を指示するときに使う命令のことです。オブジェクトによって利用できるメソッドは異なります。

動作を指示する

書式 オブジェクト．メソッド

解説 オブジェクトの動作を指示するには、オブジェクトとメソッドをピリオドで区切ります。

例 A1 セルを選択する

```
Range("A1").Select
```

A1 セルを示すオブジェクト
セルを選択するメソッド

Hint
引数について

多くのメソッドには、命令の内容を細かく指示するための引数が用意されています。引数は、省略できるものもあります。省略した場合は、既定値が設定されたものとみなされます。

2 引数を指定しよう

書式 オブジェクト.メソッド　引数

解説 引数を指定するには、メソッドのあとに半角スペースを入力して内容を書きます。たとえば、セルにメモ（Excel2019以前では「コメント」）を追加するAddCommentメソッドでは、引数に、メモの内容を指定します。

例 A1セルにメモを追加する

```
Range("A1").AddComment "今日はよい天気です"
```

複数の引数を指定する

メソッドによっては、複数の引数が用意されています。たとえば、シートを追加するAddメソッドには、4つの引数があります（157ページ参照）。複数の引数の指定方法は、次のページで紹介します。

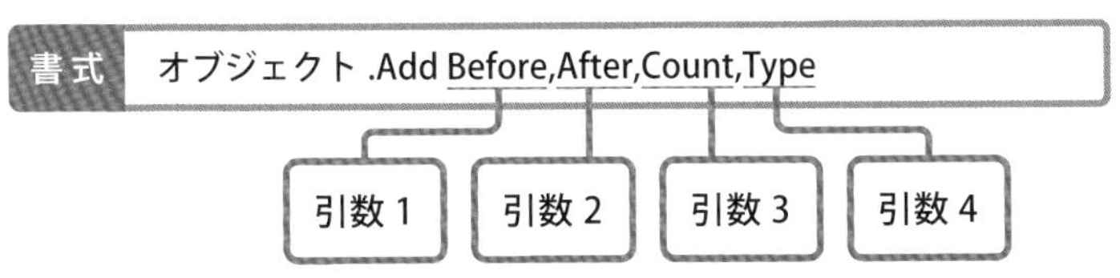

書式
オブジェクト.Add Before,After,Count,Type
引数1
引数2
引数3
引数4

引数	内容
Before	指定した場所の前にシートを追加
After	指定した場所の後にシートを追加
Count	追加するシートの数。省略時は「1」
Type	シートの種類。省略時は「ワークシート」

3 複数の引数の指定方法を知ろう

メソッドに複数の引数が用意されている場合は、引数の名前を利用して指定するか、引数の順番どおりに指定します。いずれも、「,（カンマ）」で区切って指定します。ここでは、Add メソッド（157 ページ参照）を例に紹介します。

引数の名前を利用して指定する

書式　オブジェクト . メソッド 引数 1:= ○○ , 引数 3= ○○

引数名を指定して、それぞれの内容を書きます。

解説　メソッドのあとに半角スペースを入力し、そのあとに「引数名 :=」に続いて指定する内容を書きます。この書き方を使う場合、指定したい引数だけを書けます。上の例では、引数 2 と引数 4 の指定を省略しています。

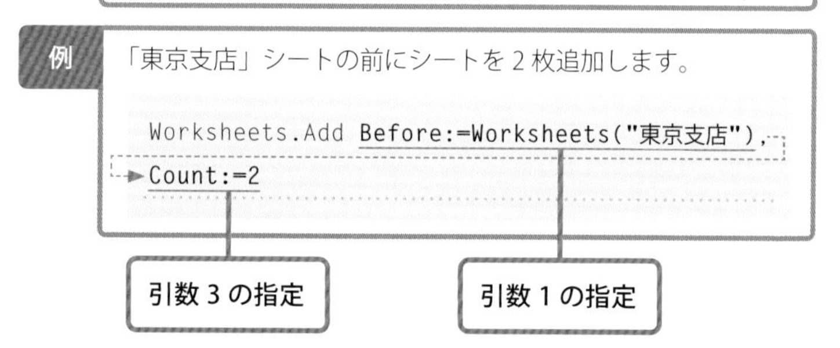

例
「東京支店」シートの前にシートを 2 枚追加します。
Worksheets.Add Before:=Worksheets("東京支店"),
Count:=2
引数 3 の指定
引数 1 の指定

Hint 引数を () で囲む場合もある

メソッドを使うときに、実行した結果を戻り値として受け取って利用するときは、引数を () で囲みます。戻り値を受け取らない場合は、引数を () で囲む必要はありません。

複数の引数をすべて順番通りに指定する

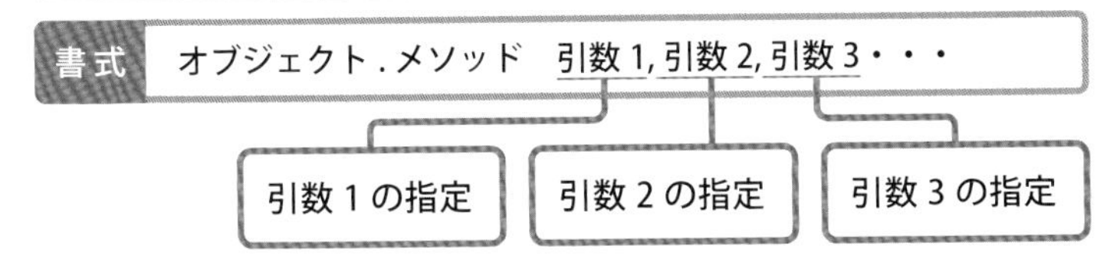
書式
オブジェクト.メソッド　引数1, 引数2, 引数3・・・
引数1の指定
引数2の指定
引数3の指定

解説 複数の引数を指定するとき、順番どおりに指定すれば引数名を指定する必要はありません。

一部の引数を省略し、順番どおりに引数を指定する

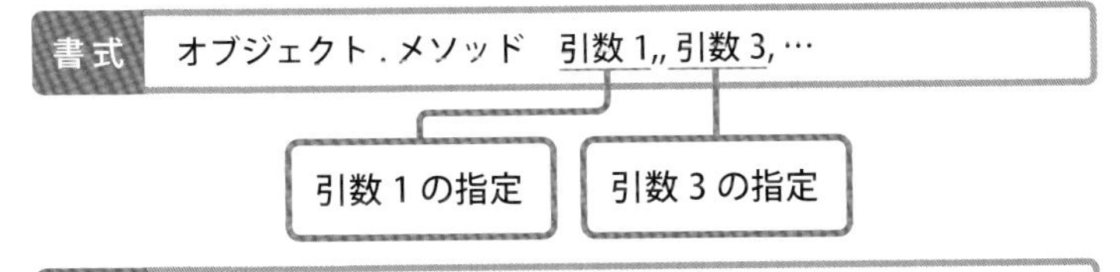
書式
オブジェクト.メソッド　引数1,, 引数3, …
引数1の指定
引数3の指定

解説 メソッドのあとに半角スペースを入力し、そのあとに引数の順番どおりに内容を指定します。内容は「,（カンマ）」で区切って書きます。途中の引数を省略する場合も、「,」を忘れずに記述します。上の例では、引数2の指定を省略しています。後ろの引数すべてを省略する場合、「,」は不要です。

例 「東京支店」シートの前にシートを2枚追加します。

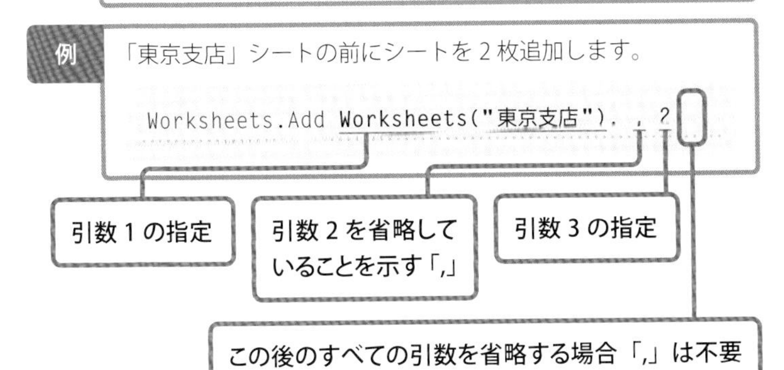
Worksheets.Add Worksheets("東京支店"), , 2
引数1の指定
引数2を省略していることを示す「,」
引数3の指定
この後のすべての引数を省略する場合「,」は不要

Section 20

オブジェクトを理解しよう

VBA では、操作の対象の物（オブジェクト）に対して指示をします。それには、オブジェクトを取得します。最初は難しく考えがちですが、よく使うオブジェクトを扱いながら慣れていきましょう。

1 オブジェクトについて

オブジェクトを指定するには、オブジェクトを取得します。多くの場合、目的のオブジェクトの上位のオブジェクトが持っている、同名のプロパティやメソッドを使用します。「プロパティやメソッドの戻り値（結果）としてオブジェクトが返ってくる」というイメージです。

オブジェクトの階層

オブジェクトは、階層構造で管理されています。Application オブジェクトは、最上位のオブジェクトで Excel 全体を表すものです。

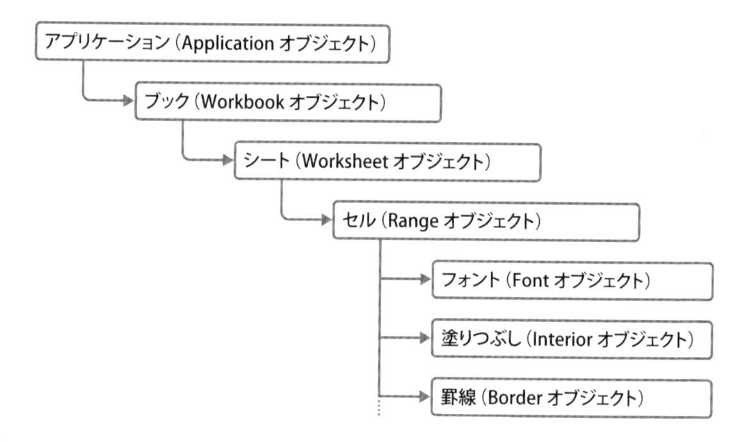
アプリケーション（Application オブジェクト）
ブック（Workbook オブジェクト）
シート（Worksheet オブジェクト）
セル（Range オブジェクト）
フォント（Font オブジェクト）
塗りつぶし（Interior オブジェクト）
罫線（Border オブジェクト）

2 オブジェクトの集合を扱おう

VBAでは、同じ種類のオブジェクトの集まりを「コレクション」といい、まとめて扱うことができます。コレクションを取得するには、コレクションを取得するプロパティを利用します。たとえば、開いているブックをまとめて扱うには、開いているすべてのブックを意味する「Workbooksコレクション」を利用します。Workbooksコレクションを取得するには、ApplicationオブジェクトのWorkbooksプロパティを利用します。

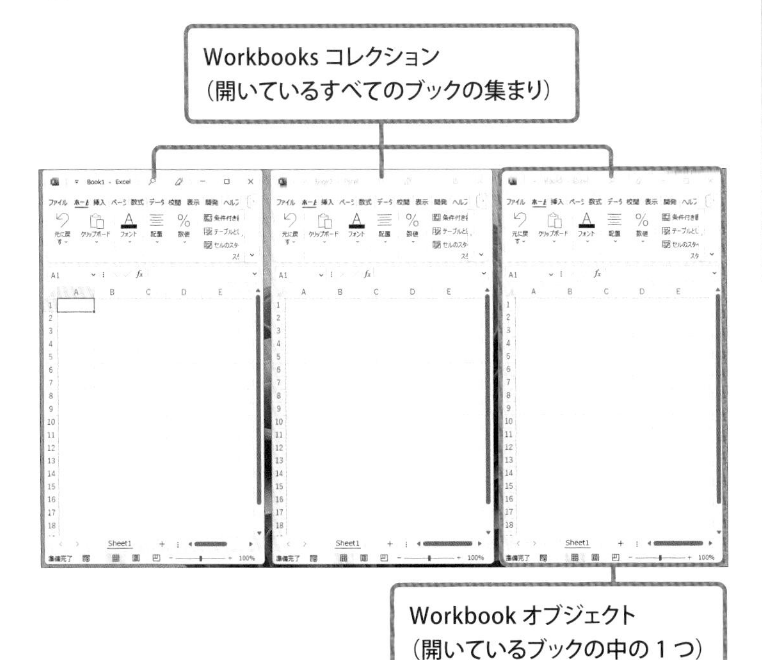

Workbooksコレクション
（開いているすべてのブックの集まり）
Workbookオブジェクト
（開いているブックの中の1つ）

Memo ブックやシートの指定

ブックやシートを操作する方法は、6章で紹介しています。

3 集合の中の1つを扱おう

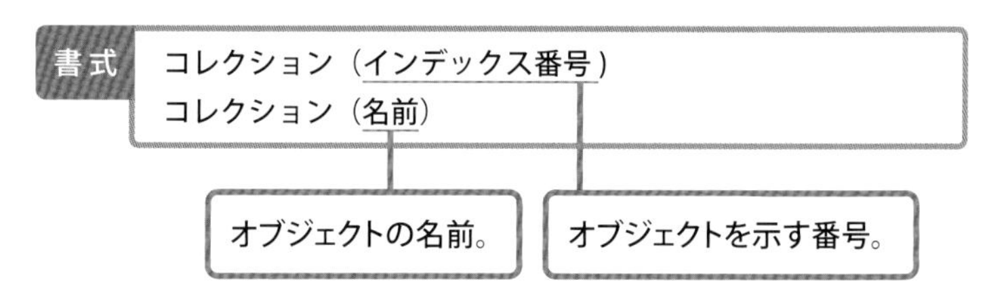

書式
コレクション（インデックス番号）
コレクション（名前）
オブジェクトの名前。
オブジェクトを示す番号。

解説 コレクション内の特定のオブジェクトを取得するには、コレクションの中の単一のオブジェクトを返す Item プロパティ（75 ページ参照）の引数を指定します。インデックス番号、または名前を使って指定します。

ブックを指定する書き方

例 Workbooks コレクション内の特定のオブジェクト（Book1）を指定

```
Workbooks(1)
Workbooks("Book1")
```

○インデックス番号（何番目に開いたか）:「1」
○名前（ブックの名前）:「Book1」

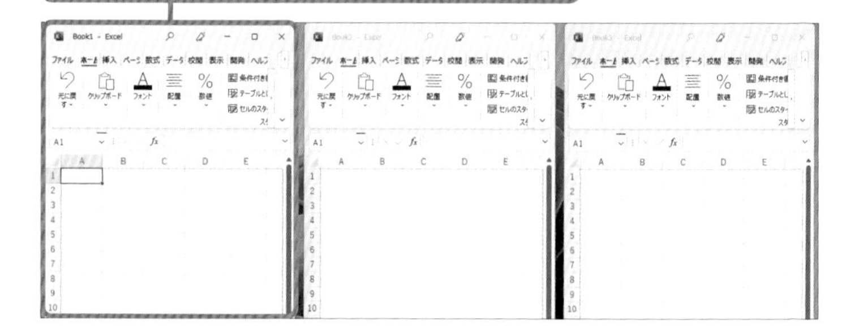

Book1 - Excel

ワークシートを指定する書き方

例 Worksheetsコレクション内の特定のオブジェクト（Sheet2）を指定

```
Worksheets(2)
Worksheets("Sheet2")
```

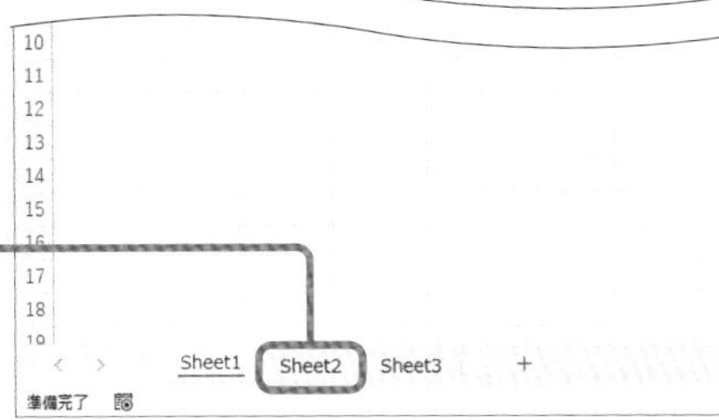

自動保存 オフ Book1 - Excel
ファイル ホーム 挿入 ページレイアウト 数式 データ 校閲 表示 開発 ヘルプ
Sheet1 Sheet2 Sheet3
準備完了

1 ○インデックス番号（左から何番目か）：「2」
○名前（シート名）：「Sheet2」

Memo Itemプロパティを省略する

コレクションから特定のオブジェクトを取得するには、Itemプロパティの引数にオブジェクトを特定するインデックス番号や名前を指定します。ただし、Itemプロパティは省略できます。「コレクション.Item(インデックス番号)」「コレクション.Item(名前)」ではなく、「コレクション(インデックス番号)」「コレクション(名前)」のように書くことができます。

4 階層をたどってシートやブックを参照しよう

VBAでは、特定のシートに関する操作を書くのに、必ずしもシートを選択する必要はありません。階層をたどって指定すれば、ほかのシートからも目的のセルを操作できます。

例

Book1（ブック）のSheet1（シート）のA1セルの内容を「123」にする

上位のオブジェクトを指定したあと、「.（ピリオド）」で区切って下位のオブジェクトを指定します。

```
Application.Workbooks.Item("Book1").
Worksheets.Item("Sheet1").Range("A1").Value
= 123
```

Applicationオブジェクト（72ページ）やItemプロパティ（75ページ）は、一般的に省略するので、次のように書きます。

```
Workbooks("Book1").Worksheets("Sheet1").
Range("A1").Value＝123
```

作業中のブックのSheet1（シート）のA1セルの内容を「123」にする

ブックの指定を省略すると、アクティブブックが対象とみなされます。

```
Worksheets("Sheet1").Range("A1").Value＝123
```

作業中のブックのアクティブシートのA1セルの内容を「123」にする

ブックやシートの指定を省略すると、アクティブブックのアクティブシートが対象とみなされます。

```
Range("A1").Value＝123
```

5 同じオブジェクトについての指示を簡潔に書こう

1つのオブジェクトに対してさまざまな指示をするときに、何度もオブジェクトを指定する手間を省き、簡潔に書く方法が用意されています。Withステートメントを利用します。

Withステートメント

書式

```
With オブジェクト
        .オブジェクトに対する処理
        .オブジェクトに対する処理
        .オブジェクトに対する処理
        .・・・
End With
```

解説

Withステートメントでは、「With」のあとにオブジェクトを指定します。そのあと、指定したオブジェクトに対する処理を書きます。その際、オブジェクトの記述を省略し、「(.ピリオド)」に続けてプロパティやメソッドを記述できます。最後に「End With」と入力します。

Memo

ステートメント

マクロでさまざまな操作を行うには、複数の命令文を書きます。この1つ1つの文をステートメントと言います。また、If…Then…Elseステートメントなど、1つの構文に含まれる複数行にわたる内容のことを指す場合もあります。

Section
21 VBA関数を理解しよう

Excel にはさまざまなワークシート関数が用意されていますが、VBA にも「VBA 関数」という関数がたくさん用意されています。ここでは、VBA 関数の基本について学習します。

1 いろいろなVBA関数を知ろう

関数とは、指定した値をルールに基づいて処理し、その結果を表示するものです。関数には、さまざまな種類があります。

主な VBA 関数

分類	例
文字を操作する関数	Left 関数、InStr 関数、Replace 関数、StrComp 関数など
日付や時刻を操作する関数	DateAdd 関数、DateDiff 関数、Year 関数、Now 関数など
数値を操作する関数	Round 関数、Rnd 関数、Int 関数、Fix 関数など
データ型を変換する関数	CBool 関数、CByte 関数、CCur 関数、CDate 関数、CInt 関数、CLng 関数、CStr 関数、CVar 関数など
そのほかの関数	MsgBox 関数、InputBox 関数

2 Excelで使うワークシート関数とは違うの？

VBA 関数と Excel のワークシート関数は別のものです。関数名と機能が同じものもあれば、名前が同じにも関わらず機能が若干異なるものもあります。ワークシート関数にしかないものや、VBA 関数にしかないものもあります。

Hint 算術演算子と連結演算子

プログラムの中で計算するときは、関数を使うほかに演算子も使います。演算子には、次のようなものがあります。ほかにも、値を比較するときに利用する比較演算子（177 ページ参照）や論理演算子などがあります。

算術演算子

演算子	内　容	例
+	足し算	2+3（結果「5」）
-	引き算	5-2（結果「3」）
*	かけ算	2*3（結果「6」）
/	割り算	5/2（結果「2.5」）
^	べき乗	2^3（結果「8」）
¥	割り算の結果の整数部を返す	10¥3（結果「3」）
Mod	割り算の結果の余りを返す	10 Mod 3（結果「1」）

連結演算子

演算子	内　容	例
&	文字をつなげる	" 東京 " & " 支店 "（結果「東京支店」）

Section
22 モジュールを追加しよう

VBE を起動して、マクロを作成してみましょう。ここでは、マクロを書く場所のモジュールを知りましょう。また、「標準モジュール」を追加してみましょう。

1 モジュールって何？

モジュールとは、マクロを書く場所のことです。次のような種類があります。

Microsoft Excel Objects	Excel のブックやシートを操作したタイミングで自動的に実行するマクロを作成する場合などに利用する（198 ページ参照）。
フォーム	ユーザーフォームの動作を指示するマクロを書く
標準モジュール	マクロ記録によって作成したマクロが保存される。また、標準的なマクロを書く場合に使用される、最も基本的なモジュール
クラスモジュール	オブジェクトを作るための「クラス」というものを定義する

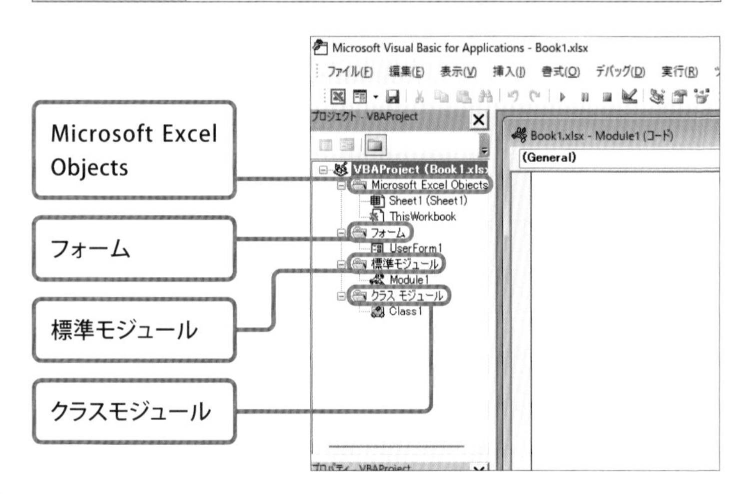
Microsoft Excel Objects
フォーム
標準モジュール
クラスモジュール
Microsoft Visual Basic for Applications - Book1.xlsx
ファイル(F) 編集(E) 表示(V) 挿入(I) 書式(O) デバッグ(D) 実行(R)
プロジェクト - VBAProject
VBAProject (Book1.xlsx
Microsoft Excel Objects
Sheet1 (Sheet1)
ThisWorkbook
フォーム
UserForm1
標準モジュール
Module1
クラス モジュール
Class1
Book1.xlsx - Module1 (コード)
(General)

2 モジュールを追加しよう

マクロを書くモジュールを追加します。標準モジュールがすでに作成されているときは、その中にマクロを書いてもかまいません。

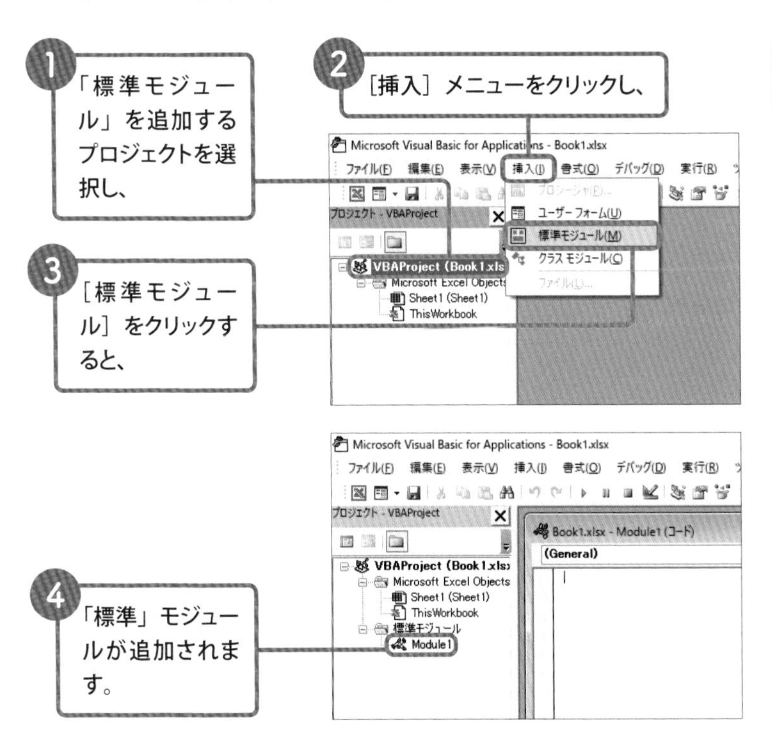

1 「標準モジュール」を追加するプロジェクトを選択し、
2 [挿入] メニューをクリックし、
3 [標準モジュール] をクリックすると、
4 「標準」モジュールが追加されます。
Microsoft Visual Basic for Applications - Book1.xlsx
ファイル(F) 編集(E) 表示(V) 挿入(I) 書式(O) デバッグ(D) 実行(R)
プロジェクト - VBAProject
プロシージャ(P)...
ユーザー フォーム(U)
標準モジュール(M)
クラス モジュール(C)
ファイル(L)...
VBAProject (Book1.xlsx)
Microsoft Excel Objects
Sheet1 (Sheet1)
ThisWorkbook
標準モジュール
Module1
Book1.xlsx - Module1 (コード)
(General)

Hint モジュールを削除する

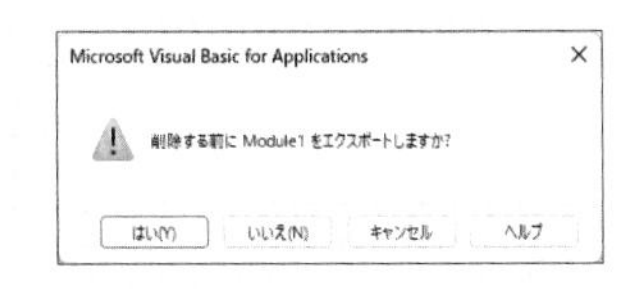

Microsoft Visual Basic for Applications
削除する前に Module1 をエクスポートしますか?
はい(Y)
いいえ(N)
キャンセル
ヘルプ

不要になった標準モジュールを削除するには、削除したい標準モジュールを右クリックして、[(モジュール名) の解放] をクリックします。すると、モジュールを保存するかどうかメッセージが表示されます。

Section 23

かんたんなマクロを作ってみよう

標準モジュールにマクロを追加します。ここでは、「練習」と言う名前のマクロを作成します。セルに文字を入力したりメッセージを表示したりするかんたんな内容を書きます。

1 マクロを作成しよう

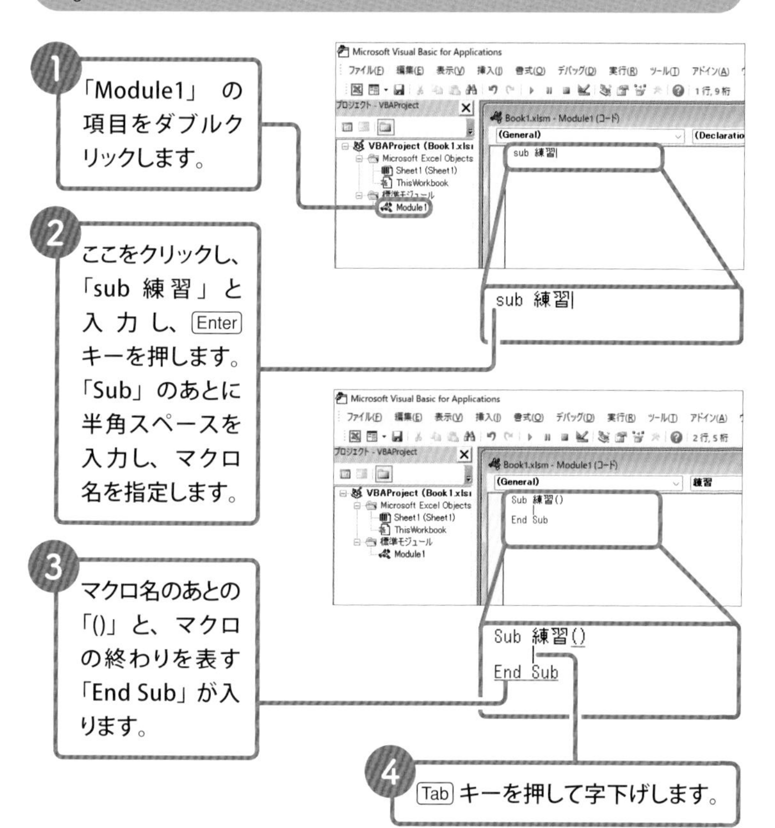

1 「Module1」の項目をダブルクリックします。
2 ここをクリックし、「sub 練習」と入力し、Enterキーを押します。「Sub」のあとに半角スペースを入力し、マクロ名を指定します。
3 マクロ名のあとの「()」と、マクロの終わりを表す「End Sub」が入ります。
4 Tabキーを押して字下げします。
Microsoft Visual Basic for Applications
Book1.xlsm - Module1 (コード)
(General)
sub 練習
Sub 練習()
End Sub

2 マクロの内容を書こう

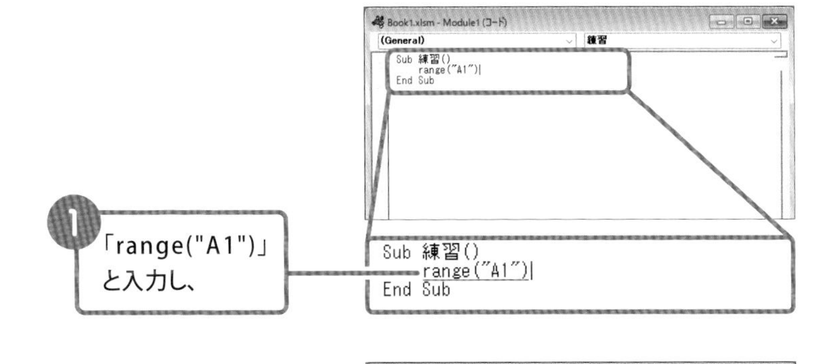
Book1.xlsm - Module1 (コード)
(General)
練習
Sub 練習()
range("A1")
End Sub
1
「range("A1")」と入力し、

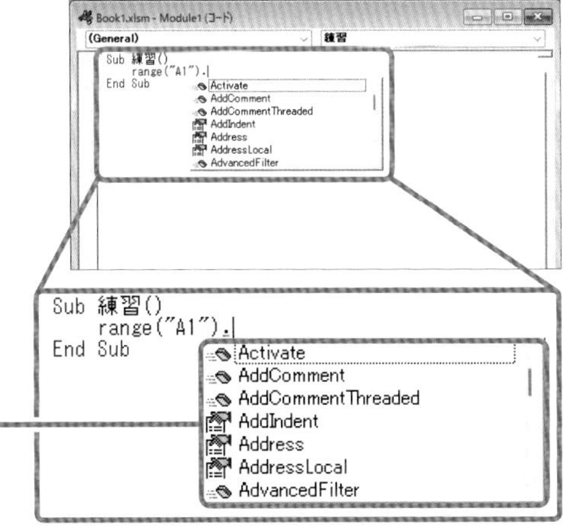
Book1.xlsm - Module1 (コード)
(General)
練習
Sub 練習()
range("A1").
End Sub
Activate
AddComment
AddCommentThreaded
AddIndent
Address
AddressLocal
AdvancedFilter

2 「.」を入力すると、後ろに続く候補がリストに表示されます。

Memo

Sub プロシージャについて

マクロにはいくつかの種類がありますが、指定したExcelの操作を自動的に実行するマクロを「Sub プロシージャ」といいます。「Sub」から始まり、「End Sub」で終わります。なお、VBEの画面でマクロを削除するには、「Sub」から「End Sub」までのマクロを選択して Delete キーを押します。

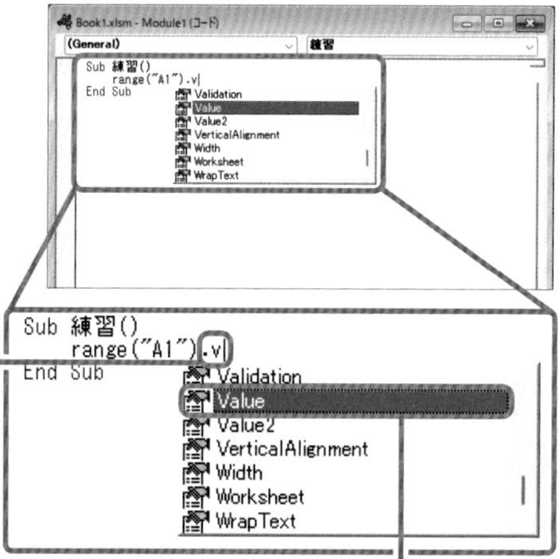

3 項目の先頭文字を入力します。ここでは、Valueプロパティを入力するため、「V」と入力します。

```
Sub 練習()
    range("A1").v
End Sub
```

Validation
Value
Value2
VerticalAlignment
Width
Worksheet
WrapText

4 「↓」キーを押して、「Value」の項目を選択して Tab キーを押すと、「Value」と入力されます。

Hint

長い場合は改行して書く

プログラムの1つの文が長い場合は、途中で改行することもできます。その場合、きりのよいところで「 _ (半角スペースのあとにアンダースコア)」を入力して改行します。次の行に、続きを書くことができます。

Memo

字下げをする理由

行頭で字下げをしなくても、マクロで実行される内容は変わりませんが、字下げをすることで、マクロが読みやすくなるよう整えられます。マクロを書くときは、あとから見たときにもわかりやすいように、適宜、字下げをしながら入力しましょう。

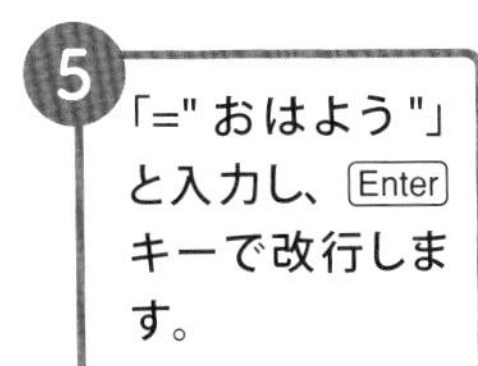

5 「=" おはよう "」と入力し、Enter キーで改行します。

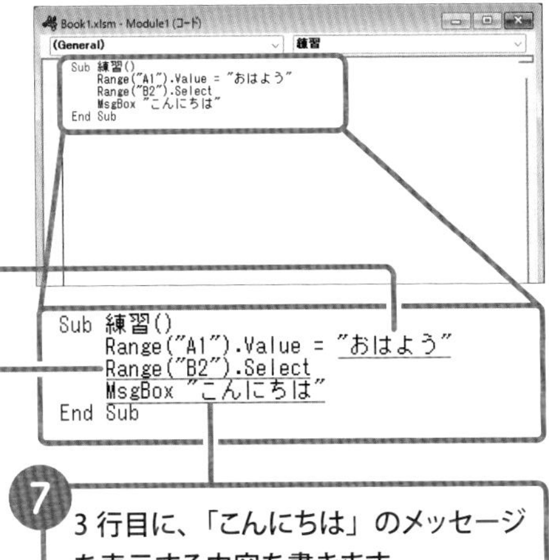
Book1.xlsm - Module1 (コード)
(General)
練習
Sub 練習()
Range("A1").Value = "おはよう"
Range("B2").Select
MsgBox "こんにちは"
End Sub

6 2 行目に、B2 セルを選択する内容を書いて、改行します。

7 3 行目に、「こんにちは」のメッセージを表示する内容を書きます。

8 44 ページの方法で、「練習」マクロを実行します。
A1 セルに文字が入力され、B2 セルが選択され、メッセージが表示されます。

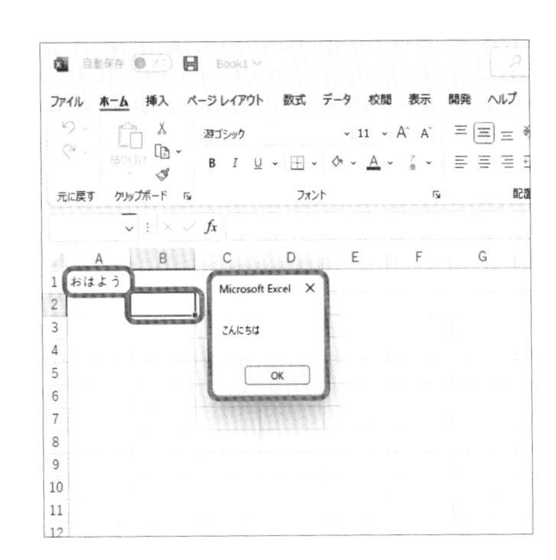
ファイル
ホーム
挿入
ページ レイアウト
数式
データ
校閲
表示
開発
ヘルプ
元に戻す
クリップボード
フォント
おはよう
Microsoft Excel
こんにちは
OK

Memo 文字列は "" で囲む

コードの中で文字列を指定するときは、「(" ダブルクォーテーション)」で囲みます。また、日本語以外は半角で入力します。

Section

24 エラーに対応しよう

マクロの編集中や実行時に、エラーメッセージが表示されることがあります。エラーが表示された場合は、どのようなタイプのエラーなのかを確認し、それぞれに合わせて対処します。

1 コンパイルエラーが表示されたら

単語のスペルミスや文法上の間違いがあると、コンパイルエラーが発生します。

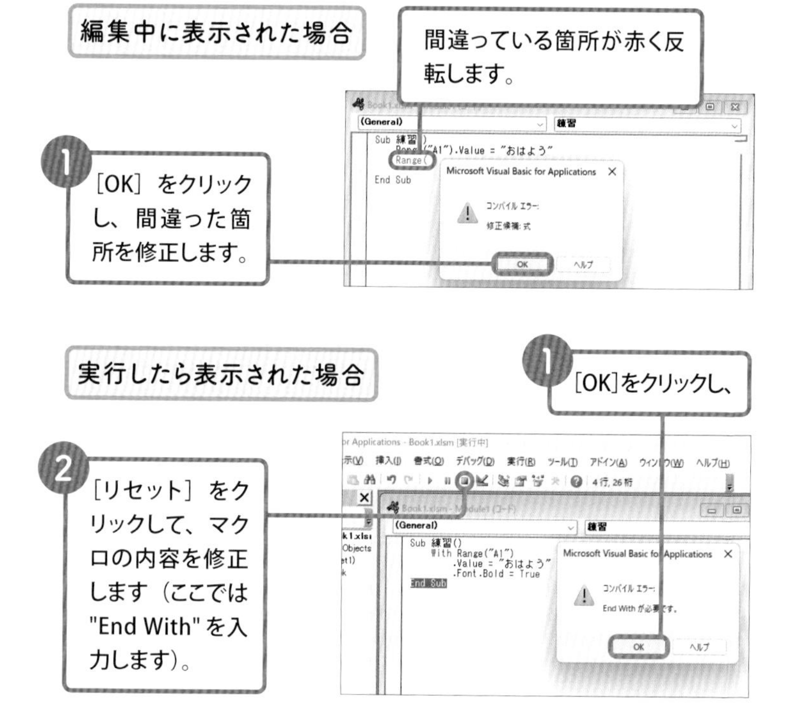

編集中に表示された場合
間違っている箇所が赤く反転します。
1 [OK] をクリックし、間違った箇所を修正します。
Microsoft Visual Basic for Applications
コンパイル エラー:
修正候補: 式
OK
ヘルプ
実行したら表示された場合
1 [OK]をクリックし、
2 [リセット] をクリックして、マクロの内容を修正します（ここでは"End With"を入力します）。
コンパイル エラー:
End With が必要です。

2 実行時エラーが表示されたら

マクロを正しく実行できないときに発生します。オブジェクトに対するプロパティやメソッドの指定が間違っている可能性などがあります。

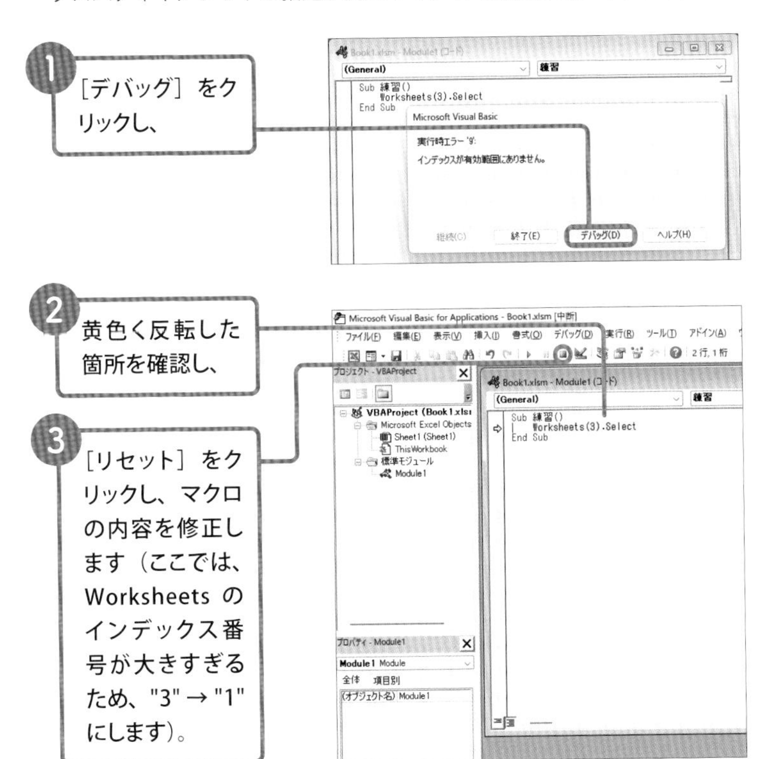

1 ［デバッグ］をクリックし、
2 黄色く反転した箇所を確認し、
3 ［リセット］をクリックし、マクロの内容を修正します（ここでは、Worksheets のインデックス番号が大きすぎるため、"3" → "1" にします）。
Microsoft Visual Basic
実行時エラー '9':
インデックスが有効範囲にありません。
継続(C)
終了(E)
デバッグ(D)
ヘルプ(H)
Microsoft Visual Basic for Applications - Book1.xlsm [中断]
Sub 練習()
Worksheets(3).Select
End Sub

Memo 論理エラー

文法上の間違いはなく、エラーメッセージが表示されないにも関わらず、思うような処理結果にならないようなエラーを「論理エラー」といいます。論理エラーが発生した場合は、1ステップずつマクロを実行し（44 ページ）、何が問題なのかを探りましょう。

Section 25

変数の考え方を理解しよう

VBA では、数値や文字などの値を扱うときに、「変数」という機能を使って内容を記述することがあります。変数を使うと、マクロでできることがさらに広がります。ここで変数について学びましょう。

1 変数って何？

変数とは、プログラムの中で使う値を入れておくための箱のようなものです。変数の中の値は、プログラムの中で入れ替えることもできます。また、処理を何度も繰り返すときに、繰り返す回数を管理する用途でも使われます。変数を利用すると、複雑な処理内容を簡潔に書くことができます。

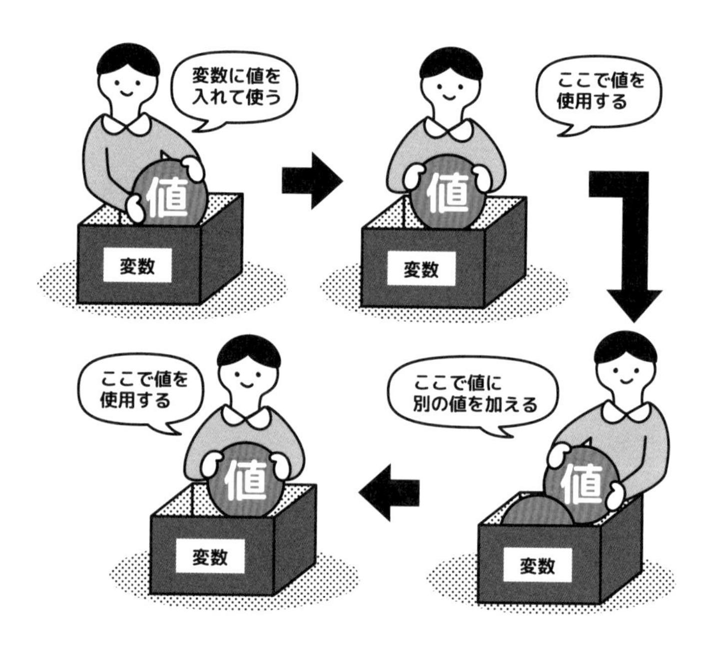
変数に値を入れて使う
値
変数
ここで値を使用する
値
変数
ここで値に別の値を加える
値
変数
ここで値を使用する
値
変数

2 変数のデータ型を知ろう

変数を利用するときは、一般的に「これから○○という変数を使用します」と宣言してから使用します。その変数にどのような種類の値を入れるのかも併せて指定します。この種類を「データ型」といいます。

代表的なデータ型

データ型	使用メモリ	格納できる値
ブール型（Boolean）	2 バイト	True または False のデータ
バイト型（Byte）	1 バイト	0 ～ 255 の整数
整数型（Integer）	2 バイト	-32,768 ～ 32,767 の整数
長整数型（Long）	4 バイト	-2,147,483,648 ～ 2,147,483,647 の整数
通貨型（Currency）	8 バイト	-922,337,203,685,477.5808 ～ 922,337,203,685,477.5807
単精度浮動小数点数型（Single）	4 バイト	-3.402823E38 ～ -1.401298E-45 (負の値) 1.401298E-45 ～ 3.402823E38 (正の値)
倍精度浮動小数点数型（Double）	8 バイト	-1.79769313486231E308 ～ -4.94065645841247E-324 (負の値) 4.94065645841247E-324 ～ 1.79769313486232E308 (正の値)
日付型（Date）	8 バイト	西暦 100 年 1 月 1 日～西暦 9999 年 12 月 31 日の日付や時刻のデータ
文字列型（String）	10 バイト＋文字列の長さ	文字のデータ
オブジェクト型（Object）	4 バイト	オブジェクトを参照するデータ
バリアント型（Variant）	数値：16 バイト 文字：22 バイト＋文字列の長さ	すべての値

Section
26 変数を宣言しよう

変数の宣言をしておくと、あとからプログラムを見たときにその内容がわかりやすくなります。また、変数のデータ型を指定することで、無駄なメモリが使われることを防げます。

1 変数を宣言しよう

書式
Dim 変数名 As データ型
Dim 変数名 As データ型 , 変数名 As データ型

解説
変数の宣言には、Dim ステートメントを使います。カンマ（,）で区切ることで、複数の変数を宣言できます。

Hint
変数の宣言を強制する

モジュールの一番上に「Option Explicit ステートメント」を記述しておくと、変数を利用するときに、変数の使用を宣言しなければならなくなります。宣言をせずに変数を利用しようとするとエラーが表示されるので、入力ミスに気づきやすくなります。標準モジュールを追加したとき、Option Explicit ステートメントが自動入力されるようにするには、VBE の画面で［ツール］メニューの［オプション］をクリックし、［オプション］画面の［編集］タブで［変数の宣言を強制する］をクリックしてオンにします。

2 変数の利用範囲を知ろう

変数は、変数を宣言する場所によって、利用できる範囲が異なります。

変数の適用範囲

種　類	宣言する場所	宣言方法	適用範囲
プロシージャレベル	プロシージャ内	Dim 変数名 As データ型	宣言したプロシージャ内
プライベートモジュールレベル	モジュールの先頭（宣言セクション）	Dim 変数名 As データ型 または Private 変数名 As データ型	宣言したモジュール内のすべてのプロシージャ内

プロシージャレベル

プロシージャ内で宣言した変数は、プロシージャ内でのみ利用でき、プロシージャが終了すると、変数に入っている値は破棄されます。

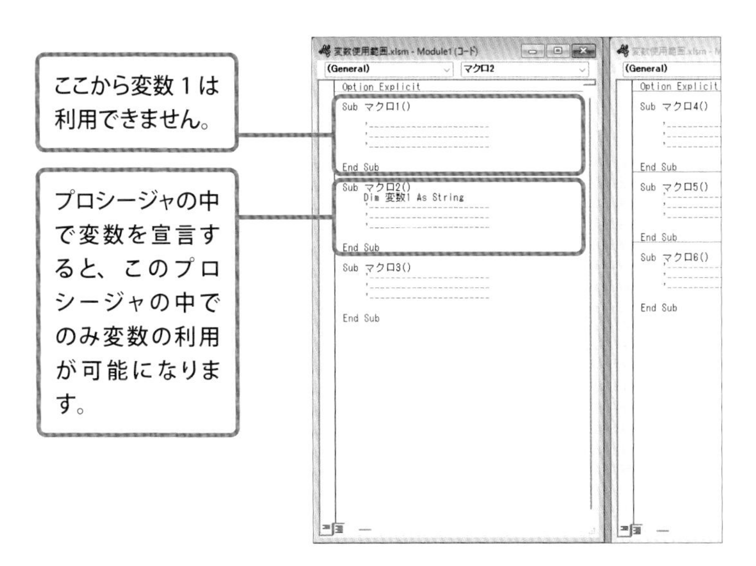
ここから変数１は利用できません。
プロシージャの中で変数を宣言すると、このプロシージャの中でのみ変数の利用が可能になります。
変数使用範囲.xlsm - Module1 (コード)
(General)
マクロ2
Option Explicit
Sub マクロ1()
End Sub
Sub マクロ2()
Dim 変数1 As String
End Sub
Sub マクロ3()
End Sub
(General)
Option Explicit
Sub マクロ4()
End Sub
Sub マクロ5()
End Sub
Sub マクロ6()
End Sub

Section
27 変数に値を入れよう

変数を使う宣言をして、変数に値を格納します。さらに、変数の値をセルに入力するなどして、変数を利用してみましょう。

1 変数に値を入れよう

書式	変数名=代入する値
解説	変数に値を入れるには、変数名と代入する値を「=」で結びます。文字の値を入れるときは、文字を "" で囲って指定します。

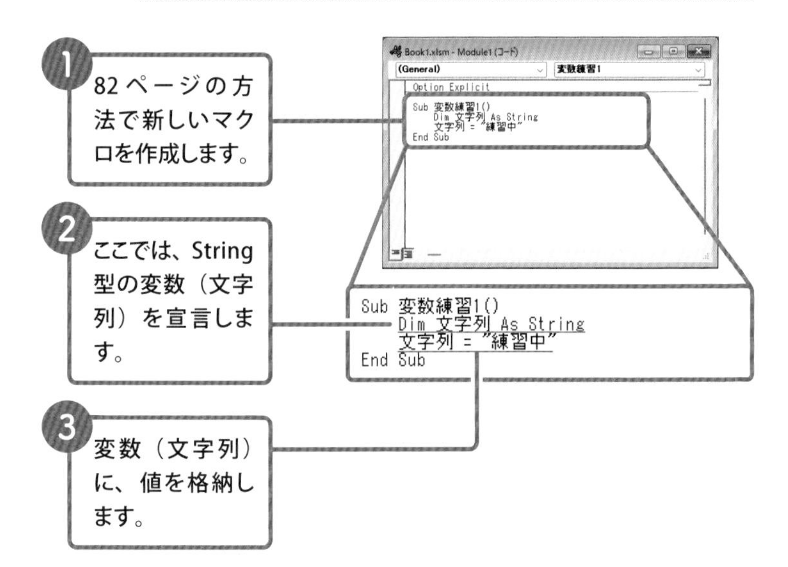

1 82ページの方法で新しいマクロを作成します。
2 ここでは、String型の変数（文字列）を宣言します。
3 変数（文字列）に、値を格納します。
Book1.xlsm - Module1 (コード)
(General)
変数練習1
Option Explicit
Sub 変数練習1()
Dim 文字列 As String
文字列 = "練習中"
End Sub

4 A1セルに、「変数（文字列）」の内容を入力します。

5 メッセージ画面を表示して「変数（文字列）」の内容に「です。」の文字を続けて表示します。

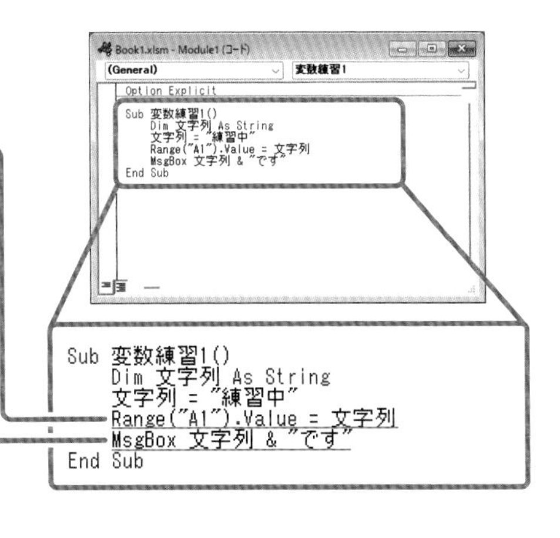

Book1.xlsm - Module1 (コード)
(General)
変数練習1
Option Explicit
Sub 変数練習1()
Dim 文字列 As String
文字列 = "練習中"
Range("A1").Value = 文字列
MsgBox 文字列 & "です"
End Sub


```
Sub 変数練習1()
    Dim 文字列 As String
    文字列 = "練習中"
    Range("A1").Value = 文字列
    MsgBox 文字列 & "です"
End Sub
```

6 44ページの方法で、「変数練習1」マクロを実行します。
A1セルに文字が入力されて、メッセージが表示されます。

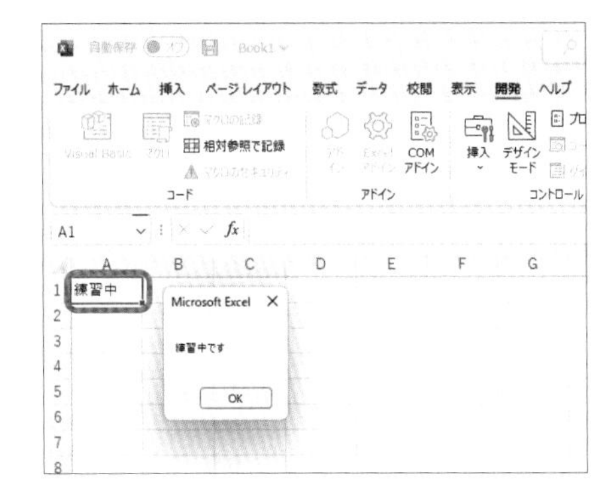

ファイル
ホーム
挿入
ページレイアウト
数式
データ
校閲
表示
開発
ヘルプ
相対参照で記録
COM アドイン
挿入
デザイン モード
コード
アドイン
コントロール
A1
練習中
Microsoft Excel
練習中です
OK

Memo

変数名について

変数名は、アルファベットだけでなく、ひらがなや漢字を使うことができます。一般的にはアルファベットで付けることが多いです。しかし、VBAの記述に慣れないうちに変数名をアルファベットで書くと、VBAで指定するオブジェクトやプロパティ、メソッドに紛れてしまい、混乱してしまうことがあります。本書では、変数名をあえて日本語にしています。

2 オブジェクト型変数って何?

オブジェクト型変数とは、日付や数値などの値ではなく、ブックやワークシートなどのオブジェクトへの参照情報を格納して利用するものです。

オブジェクト型変数を宣言する

書式 Dim 変数名 As オブジェクトの種類

解説 オブジェクト型変数の宣言にもDimステートメントを使用します。オブジェクトの種類には「Worksheet」「Workbook」「Range」などを指定します。

オブジェクト型変数に代入する

書式 Set 変数名 = 格納するオブジェクト

解説 オブジェクト型変数にオブジェクトを格納するには、Setステートメントを使用します。

Memo

変数の参照情報を解放する

オブジェクト型変数に格納した参照情報を解放するには、「Set 変数名 =Nothing」と書きます。オブジェクト型変数に格納した内容によっては、その情報を保持したままプログラムを実行すると作業効率が落ちる場合もあります。こうした場合には、変数を使ったあとに参照情報を解放するとよいでしょう。なお、プロシージャの中で宣言した変数は、プロシージャが終了すると中の値が自動的に破棄されます。

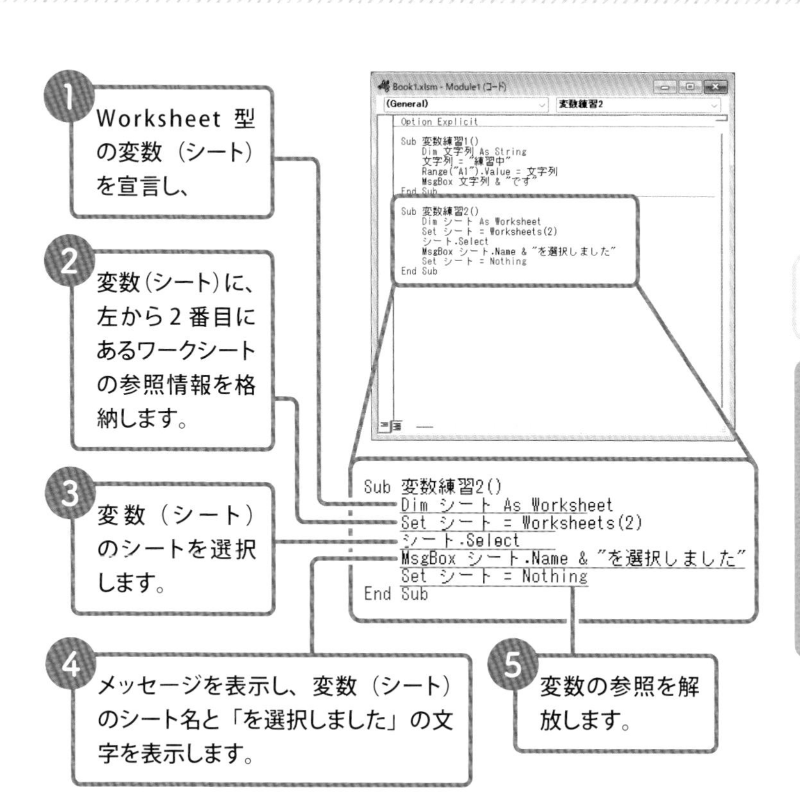
Book1.xlsm - Module1 (コード)
(General)
変数練習2
Option Explicit
Sub 変数練習1()
Dim 文字列 As String
文字列 = "練習中"
Range("A1").Value = 文字列
MsgBox 文字列 & "です"
End Sub
Sub 変数練習2()
Dim シート As Worksheet
Set シート = Worksheets(2)
シート.Select
MsgBox シート.Name & "を選択しました"
Set シート = Nothing
End Sub
1 Worksheet 型の変数（シート）を宣言し、
2 変数(シート)に、左から2番目にあるワークシートの参照情報を格納します。
3 変数（シート）のシートを選択します。
4 メッセージを表示し、変数（シート）のシート名と「を選択しました」の文字を表示します。
5 変数の参照を解放します。

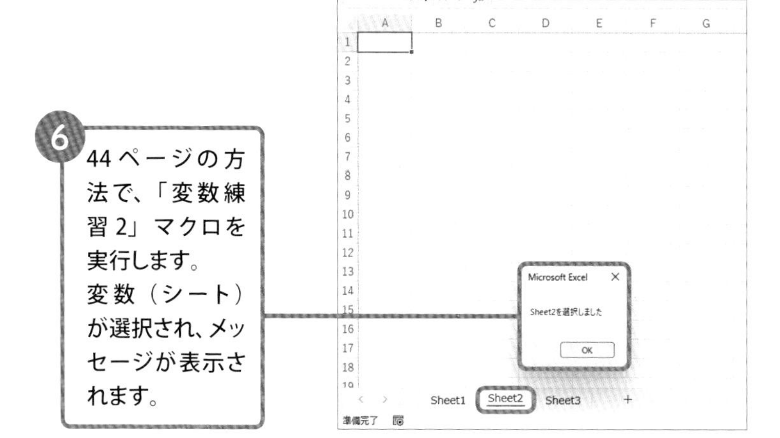
6 44ページの方法で、「変数練習2」マクロを実行します。
変数（シート）が選択され、メッセージが表示されます。
Microsoft Excel
Sheet2を選択しました
OK
Sheet1
Sheet2
Sheet3
準備完了

Section 28

ヘルプ画面を見てみよう

オブジェクトの取得方法、オブジェクトのプロパティ、指定できるメソッドは、ヘルプ画面で調べることができます。ここでは、ヘルプ画面の表示方法と利用方法を解説します。

1 わからない言葉を調べよう

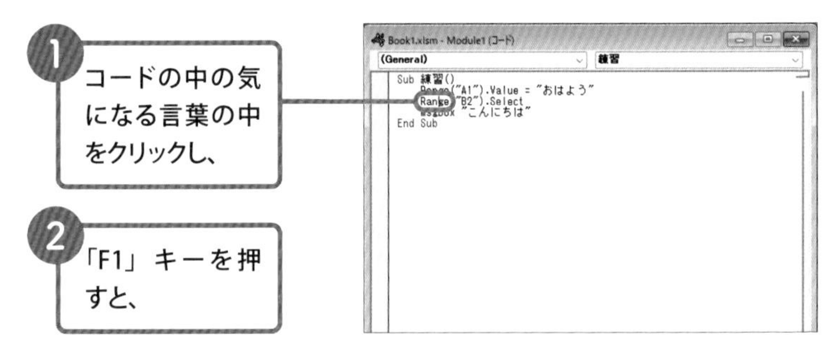

1 コードの中の気になる言葉の中をクリックし、
2 「F1」キーを押すと、
Book1.xlsm - Module1 (コード)
(General)
練習
Sub 練習()
Range("A1").Value = "おはよう"
Range("B2").Select
MsgBox "こんにちは"
End Sub

Application.Range プロパティ (Excel)
Microsoft
Learn
ドキュメント
トレーニング
認定資格
Q&A
コード サンプル
ショー
events
Office アドイン
Guides
Office アプリケーション
リソース
この記事は、お客様の市場向けに英語から翻訳されています。使用されている言語の品質にどのくらい満足していますか
タイトルでフィルター
Range
Ready
RecentFiles
RecordRelative
ReferenceStyle
… / Application オブジェクト / プロパティ /
Application.Range プロパティ (Excel)
[アーティクル] • 2022/04/12 • 1 人の共同作成者
3 内容が表示されます。

2 ヘルプ画面を表示しよう

1 ［Microsoft Visual Basic for Applications ヘルプ］をクリックすると、

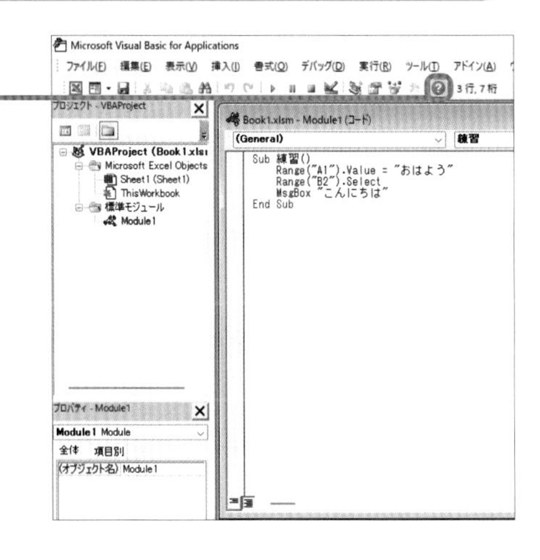
Microsoft Visual Basic for Applications
ファイル(F) 編集(E) 表示(V) 挿入(I) 書式(O) デバッグ(D) 実行(R) ツール(T) アドイン(A)
3 行, 7 桁
プロジェクト - VBAProject
VBAProject (Book1.xlsm)
Microsoft Excel Objects
Sheet1 (Sheet1)
ThisWorkbook
標準モジュール
Module1
プロパティ - Module1
Module1 Module
全体 項目別
(オブジェクト名) Module1
Book1.xlsm - Module1 (コード)
(General)
練習
Sub 練習()
Range("A1").Value = "おはよう"
Range("B2").Select
MsgBox "こんにちは"
End Sub

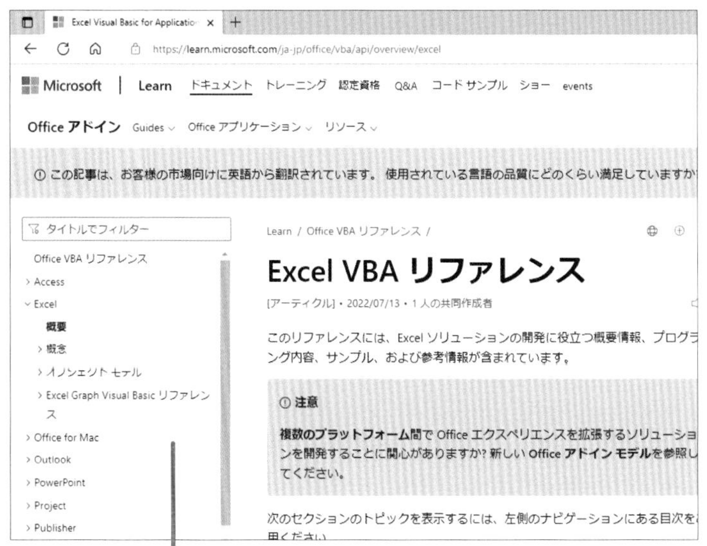
Excel Visual Basic for Applicatio
https://learn.microsoft.com/ja-jp/office/vba/api/overview/excel
Microsoft | Learn ドキュメント トレーニング 認定資格 Q&A コード サンプル ショー events
Office アドイン Guides Office アプリケーション リソース
この記事は、お客様の市場向けに英語から翻訳されています。使用されている言語の品質にどのくらい満足していますか
タイトルでフィルター
Office VBA リファレンス
Access
Excel
概要
概念
オブジェクト モデル
Excel Graph Visual Basic リファレンス
Office for Mac
Outlook
PowerPoint
Project
Publisher
Learn / Office VBA リファレンス /
Excel VBA リファレンス
[アーティクル] • 2022/07/13 • 1 人の共同作成者
このリファレンスには、Excel ソリューションの開発に役立つ概要情報、プログラミング内容、サンプル、および参考情報が含まれています。
注意
複数のプラットフォーム間で Office エクスペリエンスを拡張するソリューションを開発することに関心がありますか? 新しい Office アドイン モデルを参照してください。
次のセクションのトピックを表示するには、左側のナビゲーションにある目次をご利用ください

2 ヘルプ画面が表示されます。

3 プロパティやメソッドの種類を調べよう

1 ヘルプ画面の左側のメニューから［Excel VBAリファレンス］―［オブジェクトモデル］を選択します。

2 見たいオブジェクトをクリックします。

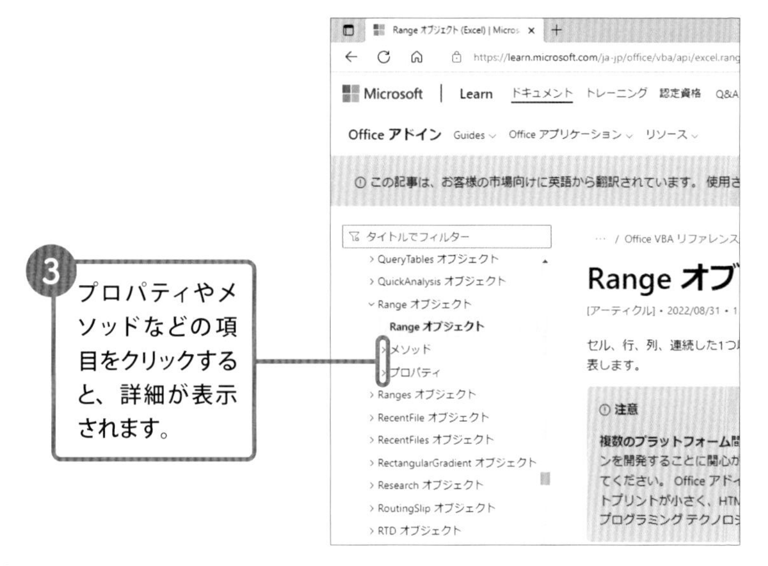
Range オブジェクト (Excel) | Micros
https://learn.microsoft.com/ja-jp/office/vba/api/excel.rang
Microsoft
Learn
ドキュメント
トレーニング
認定資格
Q&A
Office アドイン
Guides
Office アプリケーション
リソース
この記事は、お客様の市場向けに英語から翻訳されています。使用さ
タイトルでフィルター
QueryTables オブジェクト
QuickAnalysis オブジェクト
Range オブジェクト
Range オブジェクト
メソッド
プロパティ
Ranges オブジェクト
RecentFile オブジェクト
RecentFiles オブジェクト
RectangularGradient オブジェクト
Research オブジェクト
RoutingSlip オブジェクト
RTD オブジェクト
… / Office VBA リファレンス
Range オブ
[アーティクル] • 2022/08/31 • 1
セル、行、列、連続した1つ
表します。
注意

3 プロパティやメソッドなどの項目をクリックすると、詳細が表示されます。

Chapter

セルや行・列を操作しよう

Section

Section 29

セル参照の方法を学ぼう

Excel では、セルに文字や数値を入力して表を作成していきます。VBA でセルやセル範囲を扱うには、Range オブジェクトを利用します。Range オブジェクトでセルを扱う方法を学びましょう。

1 操作対象のセルを指定しよう

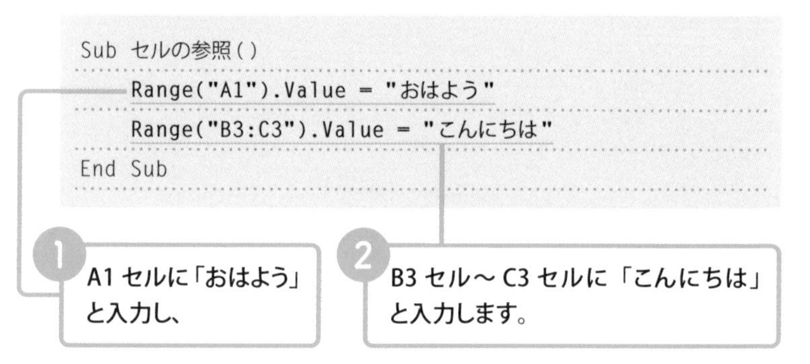
Sub セルの参照()
Range("A1").Value = "おはよう"
Range("B3:C3").Value = "こんにちは"
End Sub
1 A1 セルに「おはよう」と入力し、
2 B3 セル～ C3 セルに「こんにちは」と入力します。

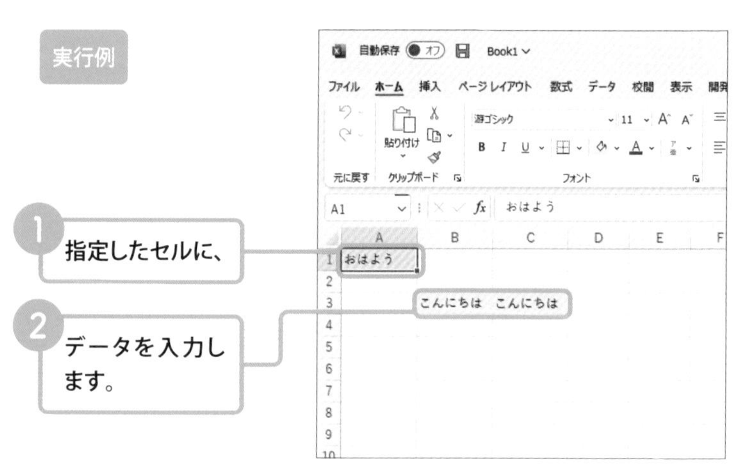
実行例
自動保存 オフ Book1
ファイル ホーム 挿入 ページレイアウト 数式 データ 校閲 表示 開発
貼り付け
元に戻す クリップボード
游ゴシック 11
フォント
A1 おはよう
A B C D E F
おはよう
こんにちは こんにちは
1 指定したセルに、
2 データを入力します。

書式　Rangeプロパティ

オブジェクト.Range(Cell)
オブジェクト.Range(Cell1,[Cell2])

解説　Rangeプロパティを利用すると、Rangeオブジェクトを取得できます。

オブジェクト　Worksheetオブジェクト、Rangeオブジェクトなどを指定します。オブジェクトを指定しない場合は、アクティブシートとみなされます。

Rangeオブジェクトの指定例

例	内容
Range("A1,B5")	A1セルとB5セル
Range("A1:D5,F2:G7")	A1セル～D5セル、F2セル～G7セル
Range("A1","B5")	A1セル～B5セル
Range(Cells(3,1),Cells(5,6))	A3セル～F5セル ※例は、Cellsプロパティと組み合わせてセル範囲を指定しています。

Hint

アクティブセルを参照する

アクティブセルのRangeオブジェクトを取得するには、ActiveCellプロパティを利用します。

オブジェクト.ActiveCell

オブジェクト　Applicationオブジェクト、Windowオブジェクトを指定します。省略した場合、アクティブウィンドウのアクティブシートのアクティブセルを取得できます。

2 指定した数だけずらした場所のセルを指定しよう

```
Sub 隣接するセルの参照()
    Range("A1").Offset(1, 1).Value = "右下"
    Range("B3:C3").Offset(2, -1).Value = "1つ左2つ下"
End Sub
```

1 A1 セルの 1 行下、1 列右に文字を入力し、

2 B3 セル～ C3 セルを基準に、2 行下、1 列左のセル範囲に文字を入力します。

実行例

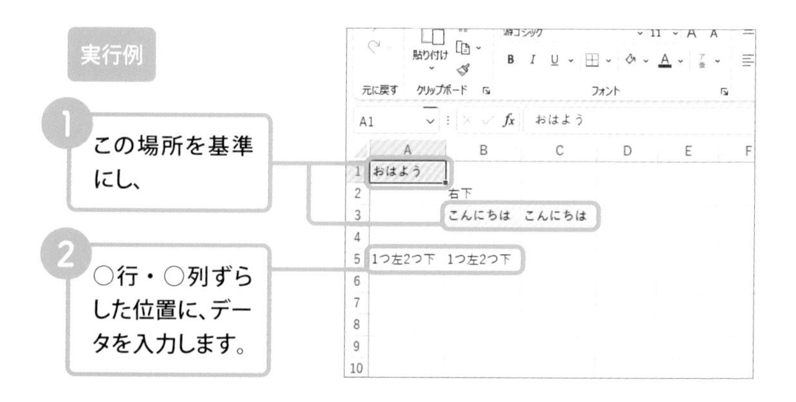

1 この場所を基準にし、
2 ○行・○列ずらした位置に、データを入力します。
元に戻す
貼り付け
クリップボード
フォント
A1
おはよう
右下
こんにちは こんにちは
1つ左2つ下 1つ左2つ下

書式 Offset プロパティ
オブジェクト .Offset([RowOffset],[ColumnOffset])

解説 セルやセル範囲から、任意の行・列だけずれたセルを参照します。

オブジェクト Range オブジェクトを指定します。

引数	RowOffset：行を移動する数を指定します。正の数は下、負の数は上方向にずれます。省略時は「0」。 ColumnOffset：列を移動する数を指定します。正の数は右、負の数は左方向にずれます。省略時は「0」。

Memo

Cellsプロパティ

Rangeオブジェクトを取得するには、Cellsプロパティを利用する方法もあります。Cellsのあとに行番号と列番号を指定します。

オブジェクト.Cells

オブジェクト	Worksheetオブジェクト、Rangeオブジェクトなどを指定します。

例	内容
Cells(2,4)	D2セル
Cells(2,"D")	D2セル
Cells	すべてのセル

Hint

現在選択中のセルを参照する

現在選択しているオブジェクトを取得するには、Selectionプロパティを利用します。

オブジェクト.Selection

オブジェクト	Applicationオブジェクト、Windowオブジェクトなどを指定します。セルを選択しているとき、オブジェクトを省略すると、アクティブウィンドウのアクティブシートの、選択中のセルが取得されます。

Section 30

表内のセルを参照しよう

表を扱うときに、表全体を参照したり、表の一番下のセルを参照したりすることがあります。ここでは、Range オブジェクトのプロパティを使って表内のセルを参照する方法を解説します。

1 表の一番端のセルを操作しよう

```
Sub 表の最終行の下を選択1()
    Range("A3").End(xlDown).Offset(1).Select
End Sub
```

1 A3 セルの終端セル（下）のさらに 1 つ下のセルを選択します。

実行例

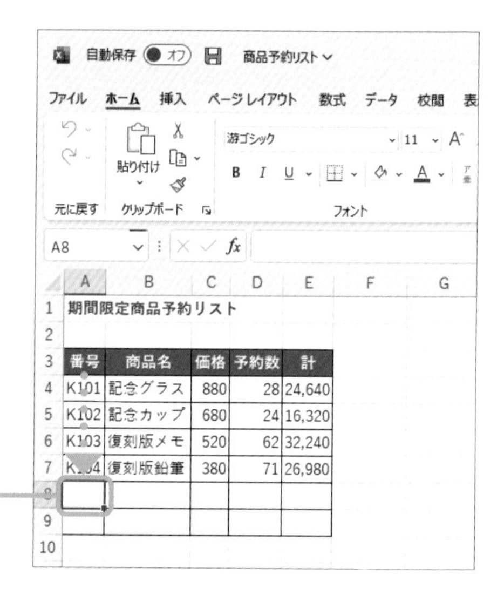

自動保存
オフ
商品予約リスト
ファイル
ホーム
挿入
ページ レイアウト
数式
データ
校閲
貼り付け
游ゴシック
11
元に戻す
クリップボード
フォント
A8
期間限定商品予約リスト
番号
商品名
価格
予約数
計
K101
記念グラス
880
28
24,640
K102
記念カップ
680
24
16,320
K103
復刻版メモ
520
62
32,240
復刻版鉛筆
380
71
26,980

1 A3 セルの終端セル（下）の 1 つ下のセルを選択します。

書式	End プロパティ オブジェクト .End(Direction)
解説	End プロパティを利用して、データが入力されている範囲の上下左右の端のセルを取得します。引数で、終端の方向を指定します。
オブジェクト	Range オブジェクトを指定します。
引数	Direction：移動する方向を指定します。設定値については、次の表を参照してください。

設定値	内　容
xlDown	下端
xlUp	上端
xlToLeft	左端
xlToRight	右端

Hint

表の最終行の次の行を選択する

表の途中に空白行がある場合は、前のページの方法では、表の最終行の次の行をうまく選択できません。その場合は、A 列の最終行のセルから上方向に向かってデータが入力されているセルを探す方法があります。
「Cells(Rows.Count, 1).End(xlUp).Offset(1).Select」

Hint

表全体のセルを操作する

アクティブセルを含むデータの入ったセル領域を参照するには、Range オブジェクトの CurrentRegion プロパティを利用します。
「Range("A3").CurrentRegion.Select」

Section 31

数式や空白セルを参照しよう

指定した種類のセルを参照するには、Range オブジェクトの SpecialCells メソッドを使う方法があります。なお、該当するセルがない場合には注意が必要です（186 ページ参照）。

1 数式の入ったセルや空白セルを操作しよう

```
Sub 文字や数値の削除()
    Range("A4:D6").SpecialCells(xlCellTypeConstants, _
        xlNumbers + xlTextValues).ClearContents
End Sub
```

1 A4 セル～ D6 セル領域内の数値や文字が入ったセルの内容を削除します。

実行例

1 A4 セル～ D6 セル領域内の、文字や数値を削除します。数式は残ります。

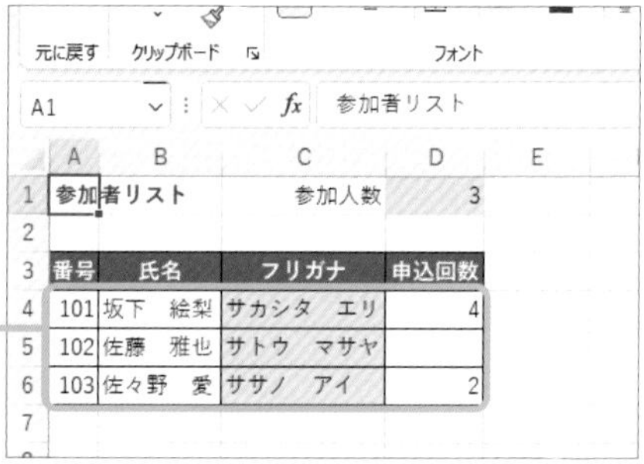

元に戻す　クリップボード　フォント

A1　fx　参加者リスト

	A	B	C	D	E
1	参加者リスト		参加人数	3	
2					
3	番号	氏名	フリガナ	申込回数	
4	101	坂下　絵梨	サカシタ　エリ	4	
5	102	佐藤　雅也	サトウ　マサヤ		
6	103	佐々野　愛	ササノ　アイ	2	
7					

書式

SpecialCells メソッド

オブジェクト .SpecialCells(Type,[Value])

解説	指定した種類のセルを指定します。引数で参照するセルを指定します。
オブジェクト	Range オブジェクトを指定します。
引数	Type：セルの種類を指定します。 Value：引数のTypeに、「xlCellTypeConstants」または「xlCellTypeFormulas」を指定するときに、表示されている値が「文字」、「数値」など限定するときに指定します。

Type で指定する内容

設定値	内　容
xlCellTypeAllFormatConditions	条件付き書式が設定されているセル
xlCellTypeAllValidation	入力規則が設定されているセル
xlCellTypeBlanks	空白のセル
xlCellTypeComments	メモ（Excel2019以前では「コメント」）が含まれるセル
xlCellTypeConstants	定数のセル
xlCellTypeFormulas	数式のセル
xlCellTypeLastCell	使用されているセル範囲内の最後のセル
xlCellTypeSameFormatConditions	同じ条件付き書式が設定されているセル
xlCellTypeSameValidation	同じ入力規則が設定されているセル
xlCellTypeVisible	可視セル

Value で指定する内容

設定値	内　容
xlErrors	エラー値
xlLogical	論理値
xlNumbers	数値
xlTextValues	文字

Section
32 データを入力・削除しよう

セルの値を取得したり、値を入力したりするには、Range オブジェクトの Value プロパティを使います。セルの値を削除するには、Range オブジェクトの Clear メソッドを使います。

1 セルに数値や文字を入力しよう

```
Sub データ入力()
    Range("A1").Value = Range("C1").Value & "出店"
End Sub
```

1 A1 セルに、C1 セルの文字と「出店」の文字をつなげて表示します。

実行例

1 A1 セルに、C1 セルの内容と「出店」の文字をつなげて入力します。

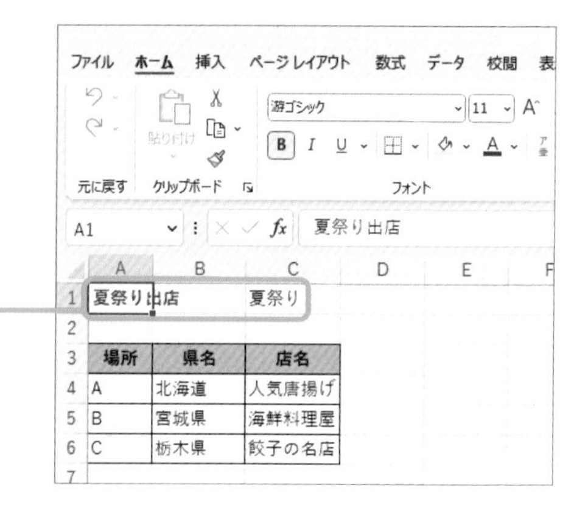
ファイル
ホーム
挿入
ページレイアウト
数式
データ
校閲
游ゴシック
11
元に戻す
クリップボード
フォント
A1
夏祭り出店
夏祭り出店
夏祭り
場所
県名
店名
A
北海道
人気唐揚げ
B
宮城県
海鮮料理屋
C
栃木県
餃子の名店

書式 Value プロパティ

オブジェクト .Value

解説 Value プロパティを使用して、セルの値を参照したり、値を代入します。

オブジェクト Range オブジェクトを指定します。

2 セルの値や書式を削除しよう

```
Sub 表の削除()
    Range("A3:C6").Clear
End Sub
```

1 A3 セル～ C6 セルの内容をすべて削除します。

書式 Clear メソッド
オブジェクト .Clear

解説 セルの値や書式情報などを削除するには、Clear メソッドを使います。

オブジェクト Range オブジェクトを指定します。

Hint

書式や値などを削除する

セルの書式情報を削除するには Range オブジェクトの ClearFormats メソッド、数式や値の情報を削除するには ClearContents メソッド、メモ（Excel2019 以前では「コメント」）やコメント（コメントスレッド）を削除するには ClearComments メソッドを使います。

Section
33 数式を入力しよう

数式を設定・取得するには、Formula プロパティを使用します。計算式は「""」で囲って指定します。また、スピル機能を利用した計算式は、Formula2 プロパティを利用します。

1 数式を入力しよう

```
Sub 数式の入力()
    Range("D1").Formula = "=SUM(C4:C6)"
    Range("D4").Formula2 = "=B4:B6*C4:C6"
End Sub
```

1 D1 セルに、「=SUM(C4:C6)」の式を入力します。

2 D4 セルに、「=B4:B6*C4:C6」の式を入力します。

実行例

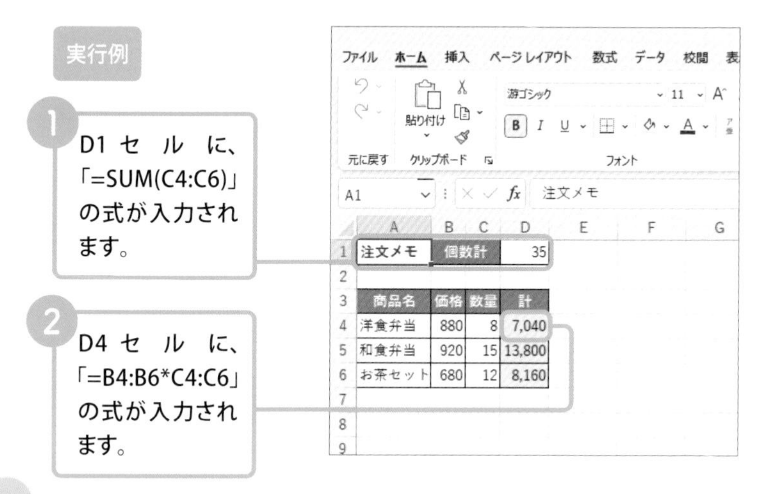

1 D1 セルに、「=SUM(C4:C6)」の式が入力されます。
2 D4 セルに、「=B4:B6*C4:C6」の式が入力されます。
ファイル ホーム 挿入 ページレイアウト 数式 データ 校閲 表
貼り付け
元に戻す クリップボード フォント
游ゴシック 11
A1
注文メモ
注文メモ 個数計 35
商品名 価格 数量 計
洋食弁当 880 8 7,040
和食弁当 920 15 13,800
お茶セット 680 12 8,160

書式　Formula プロパティ
オブジェクト .Formula

解説　セルに数式を設定したり、数式を取得したりします。

オブジェクト　Range オブジェクトを指定します。

Hint

スピル機能について

スピル機能とは、隣接するセル範囲に計算式をまとめて入力できる機能です。Excel2021 や Microsoft365 で利用できます。スピル機能を使用した計算式が入力されたセルを扱うには、Range オブジェクトの次のようなプロパティを使用できます。

プロパティ	内　容
SpillParent	スピル機能によって入力された計算式の中で、最初に計算式を入力したセルを取得します。 例：Range("D5").SpillParent.Select
HasSpill	スピル機能によって入力された計算式かどうかを判定します。 例：MsgBox Range("D5").HasSpill
SpillingToRange	スピル機能によって入力された計算式の範囲を取得します。 例：Range("D4").SpillingToRange.Select

Memo

スピル機能で入力した数式

ここでは、スピル機能を使用して D4 セルに数式を入力しています。隣接する D5 ～ D6 セルにも同様の数式が入力されます。入力した数式の中で、最初に数式を入力したセル以外のセルをクリックして数式バーを見ると、数式がグレーで表示されます。グレーの数式はゴーストと言います。数式を修正するには、最初に数式を入力したセルを修正します。

Section 34

データをコピーしたり貼り付けたりしよう

VBA を使って、データをコピーしたり貼り付けたりするには、Copy ／ Paste ／ Cut ／ PasteSpecial メソッドを利用します。これらのメソッドの使い方を学習しましょう。

1 セルをほかの場所にコピーしよう

```
Sub 表のコピー()
    Range("A3").CurrentRegion.Copy Range("D3")
End Sub
```

1 A3 セルを含むアクティブセル領域を D3 セルにコピーします。

実行例

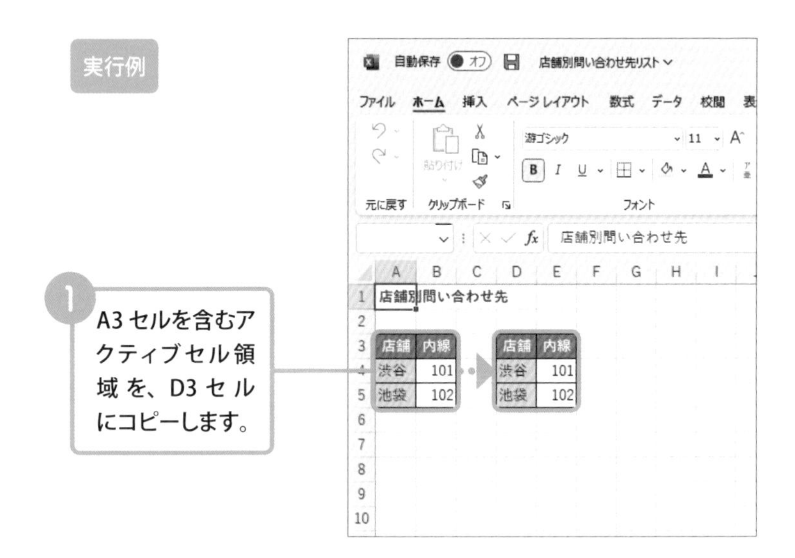
1 A3 セルを含むアクティブセル領域を、D3 セルにコピーします。
自動保存
オフ
店舗別問い合わせ先リスト
ファイル
ホーム
挿入
ページ レイアウト
数式
データ
校閲
貼り付け
游ゴシック
11
元に戻す
クリップボード
フォント
店舗別問い合わせ先
店舗
内線
渋谷
101
池袋
102

書式	Copy メソッド **オブジェクト .Copy([Destination])**
解説	Range オブジェクトの Copy メソッドを使って、セルの内容をコピーします。
オブジェクト	Range オブジェクトを指定します。
引数	Destination：コピー先のセル範囲を指定します。この引数を省略した場合、クリップボードにデータがコピーされます。

2 セルを複数の場所にコピーしよう

1 A3 セルを含むアクティブセル領域をコピーし、

2 D3 セルにクリップボードの内容を貼り付け、

```
Sub 表を複数コピー()
    Range("A3").CurrentRegion.Copy
    ActiveSheet.Paste Range("D3")
    ActiveSheet.Paste Range("G3")
    Application.CutCopyMode = False
End Sub
```

3 G3 セルにクリップボードの内容を貼り付け、

4 コピーモードをオフにします。

書式

Paste メソッド

オブジェクト .Paste([Destination],[Link])

解説

クリップボードにコピーされた情報を貼り付けるには、Paste メソッドを使用します。

オブジェクト

Worksheet オブジェクトを指定します。

引数

Destination：貼り付けるセル範囲を指定します。
Link：リンク貼り付けをするときは「True」、しないときは「False」を指定します。既定値は「False」。なお、Link を指定するときは、Destination は指定できないため、あらかじめ貼り付け先を選択しておきます。

Stepup

コピーの点滅を解除する

データを貼り付ける操作を終了したあと、切り取りまたはコピーモードを解除するには、Application オブジェクトの CutCopyMode プロパティに False を設定します。

Memo

アクティブシートを参照する

現在アクティブな Worksheet オブジェクトを取得するには、Workbook オブジェクトの ActiveSheet プロパティを使用します（155 ページ参照）。

3 セルをほかの場所に移動しよう

```
Sub 表の移動()
    Range("A3").CurrentRegion.Cut Range("D3")
End Sub
```

1 A3 セルを含むアクティブセル領域を D3 セルに移動します。

実行例

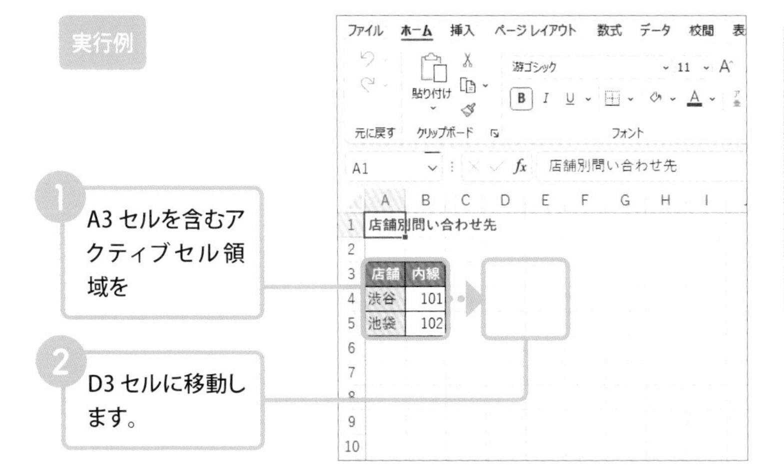

1 A3 セルを含むアクティブセル領域を
2 D3 セルに移動します。
A1
店舗別問い合わせ先
店舗
内線
渋谷
101
池袋
102

書式 Cut メソッド
オブジェクト .Cut([Destination])

解説 セルの内容を移動するには、Cut メソッドを使用します。

オブジェクト Range オブジェクトを指定します。

引数 Destination：移動先のセル範囲を指定します。この引数を省略した場合、クリップボードに情報が貼り付きます。

4 形式を選択して貼り付けよう

1 A3 セルを含むアクティブセル領域をコピーし、

2 D3 セルに書式だけを貼り付けて、

```
Sub 書式のみコピー()
    Range("A3").CurrentRegion.Copy
    Range("D3").PasteSpecial xlPasteFormats
    Application.CutCopyMode = False
End Sub
```

3 コピーモードをオフにします。

実行例

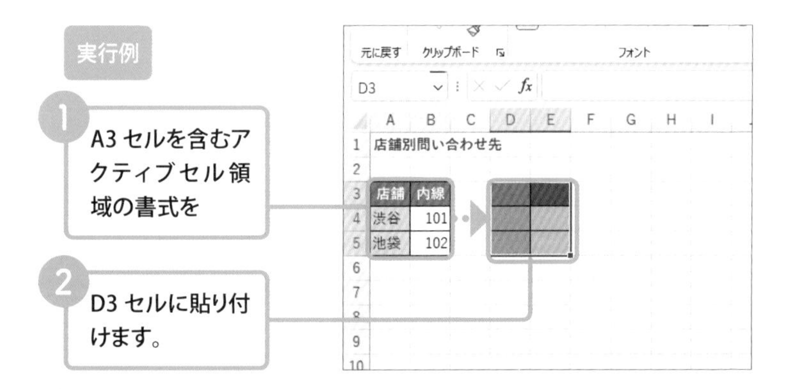

1 A3 セルを含むアクティブセル領域の書式を
2 D3 セルに貼り付けます。
元に戻す
クリップボード
フォント
D3
店舗別問い合わせ先
店舗
内線
渋谷
101
池袋
102

Hint 列幅を貼り付ける

表をほかの列に貼り付けるとき、書式情報だけを貼り付けた場合は、列幅の情報は貼り付きません。列幅の情報も、PasteSpecial メソッドで貼り付けられます。

書式

PasteSpecial メソッド

オブジェクト .PasteSpecial([Paste],[Operation],[SkipBlanks],[Traanspose])

解説

コピーした情報の中で指定した情報だけを貼り付けるには、PasteSpecial メソッドを使います。

オブジェクト

Range オブジェクトを指定します。

引数

Paste：貼り付ける内容を指定します。設定値は、次のとおりです。

設定値	内　容
xlPasteAll	すべて
xlPasteAllExceptBorders	罫線を除くすべて
xlPasteAllUsingSourceTheme	コピー元のテーマを使用してすべて貼り付け
xlPasteAllMergingConditionalFormats	すべての結合されている条件付き書式
xlPasteColumnWidths	列幅
xlPasteComments	コメントとメモ
xlPasteFormats	書式
xlPasteFormulas	数式
xlPasteFormulasAndNumberFormats	数式と数値の書式
xlPasteValidation	入力規則
xlPasteValues	値
xlPasteValuesAndNumberFormats	値と数値の書式

Operation：「加算」「除算」「乗算」「減算」など、演算をしながら」貼り付ける場合に指定します。設定値は、ヘルプを参照してください。

SkipBlanks：空白セルを貼り付けの対象にしない場合はTrue、対象にするには False を指定。既定値は False。

Traanspose：貼り付け時に行と列を入れ替えるときは True、入れ替えないときは False を指定。既定値は False

Section 35

行や列の参照方法を理解しよう

行全体を表す Range オブジェクトを参照するには、Worksheet オブジェクトの Rows プロパティを利用します。列全体を表す Range オブジェクトを参照するには、Columns プロパティを利用します。

1 操作対象の行や列を参照しよう

```
Sub 列の選択()
    Columns("B:C").Select
End Sub
```

1 B～C 列を選択します。

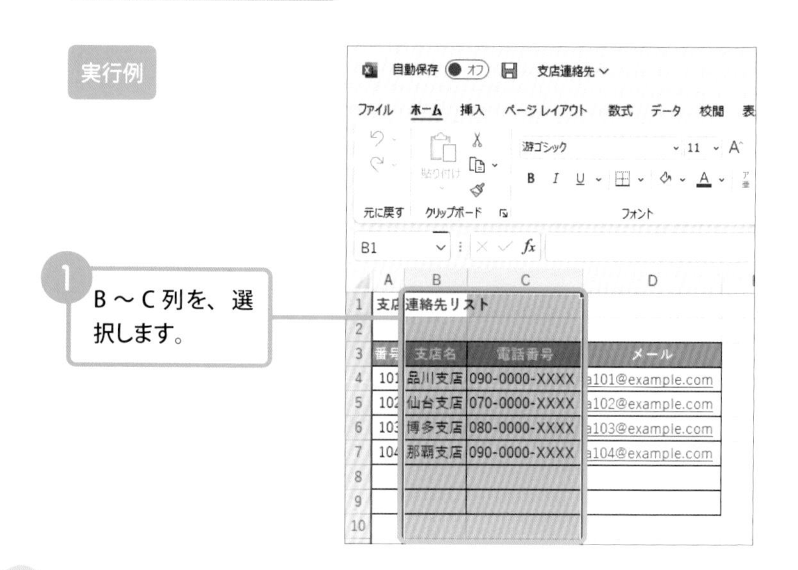

実行例
1 B～C 列を、選択します。
自動保存 オフ 支店連絡先
ファイル ホーム 挿入 ページレイアウト 数式 データ 校閲
元に戻す クリップボード フォント
B1
支店連絡先リスト
番号 支店名 電話番号 メール
101 品川支店 090-0000-XXXX a101@example.com
102 仙台支店 070-0000-XXXX a102@example.com
103 博多支店 080-0000-XXXX a103@example.com
104 那覇支店 090-0000-XXXX a104@example.com

書式
Rows プロパティ／Columns プロパティ
オブジェクト .Rows
オブジェクト .Columns

解説
行を参照するには、Rows プロパティ、列を参照するには、Columns プロパティを使用します。

オブジェクト
Worksheet オブジェクト、Range オブジェクトを指定します。

記述例	内　容
Rows(3)	3 行目
Rows("3:10")	3 行目～ 10 行目
Rows	全行
Columns(3) ／ Columns("C")	C 列
Columns("C:E")	C 列～ E 列
Columns	全列

Hint
離れた行や列を指定する

離れた行や列の範囲を指定するには、Range プロパティを利用して Range オブジェクトを参照します。

Range("3:5,7:9").Select
Range("A:B,E:F").Select

Hint
行番号や列番号を取得する

行番号や列番号を取得するには、Range オブジェクトの Row プロパティや Column プロパティを利用します。次の例は、選択しているセルの行番号をメッセージに表示します。
「MsgBox Selection.Row」

Section 36

行や列を削除・挿入しよう

行や列を削除・挿入するには、Range オブジェクトの Delete メソッドや Insert メソッドを利用します。行や列を挿入するときは、隣接する行や列の書式をコピーすることができます。

1 行や列を削除しよう

```
Sub 列の削除()
    Columns("C:D").Delete
End Sub
```

1 C～D 列を削除します。

実行例

	A	B	C	D	E	F
1	夏ギフト商品一覧					
2						
3	番号	商品名	カテゴリ	価格	在庫状況	
4	A01	焼菓子セット	洋菓子	5,200	○	
5	A02	ラスクセット	洋菓子	4,800	×	
6	A03	チョコセット	洋菓子	6,200	○	
7	B01	煎餅セット	和菓子	5,600	×	
8	B02	羊羹セット	和菓子	3,200	○	
9	C01	冷却タオル	日用品	3,800	×	
10	C02	日傘	日用品	3,600	○	
11						

1 C～D 列を、

2 削除します。

Hint

行や列を表示・非表示にする

行や列を表示・非表示を切り替えるには、Range オブジェクトの Hidden プロパティを使用します。True を設定すると非表示になり、False を設定すると表示されます。「例：Columns("C:D").Hidden = True」

書式
Delete メソッド
オブジェクト .Delete([Shift])

解説
行や列を削除します。

オブジェクト
Range オブジェクトを指定します。

引数
Shift：削除後にセルをずらす方向を指定します。行を削除した場合は上、列を削除した場合は左方向にずれます。

2 行や列を挿入しよう

```
Rows("4:6").Insert CopyOrigin:=xlFormatFromRightOrBelow
```

1 4～6行目に行を挿入します。その際、下の行の書式をコピーします。

書式
Insert メソッド
オブジェクト .Insert([Shift],[CopyOrigin])

解説
行や列を挿入します。

オブジェクト
Range オブジェクトを指定します。

引数
Shift：挿入後にセルをずらす方向を指定します。行を挿入した場合は下、列を挿入した場合は右方向にずれます。
CopyOrigin：挿入した行や列の書式をどちら側からコピーするのか指定します。

設定値	内容
xlFormatFromLeftOrAbove	上の行、または左列から
xlFormatFromRightOrBelow	下の行、または右列から

Section 37

選択しているセルの行や列を操作しよう

選択しているセルを含む行全体を取得するには、Range オブジェクトのEntireRow プロパティを利用します。列全体を取得するには、Range オブジェクトの EntireColumn プロパティを利用します。

1 選択しているセルの行を選択しよう

```
Sub 選択セルの行を選択()
    Selection.EntireRow.Select
End Sub
```

1 選択しているセルの行を選択します。

実行例

1 A4 セルと A6 セルを選択した状態で実行した場合、そのセルの行が選択されます。

	A	B	C	D	E	F
1	イベント日程表					
2						
3	番号	日程	内容	担当者		
4	101	4/1(土)	写真撮影会	伊藤		
5	102	4/22(土)	クイズ大会	佐藤		
6	103	5/14(日)	絵画展	佐藤		
7	104	6/18(日)	感謝祭	高橋		
8	105	7/16(日)	写真展	田中		
9						
10						
11						
12						

書式 EntireRow ／ EntireColumn プロパティ

オブジェクト .EntireRow

オブジェクト .EntireColumn

解説 指定したセルを含む行全体（EntireRow）や列全体（EntireColumn）を取得します。

オブジェクト Range オブジェクトを指定します。

Chapter

5

表の見た目や データを操作しよう

Section

Section

38 セルの書式を設定しよう

文字に関する情報は、Font オブジェクトを操作して指定します。たとえば、文字を太字にするには、Font オブジェクトの Bold プロパティ、斜体は Italic プロパティを指定します。

1 文字のフォントやサイズを変更しよう

（With ステートメント）
A3 セル～ D3 セルのフォントに関する処理を書きます。

```
Sub 文字の書式変更()
    With Range("A3:D3").Font
        .Name = "HGPｺﾞｼｯｸE"
        .Size = 14
        .Italic = True
    End With
End Sub
```

1 フォントを「HGP ゴシック E」にします。

2 サイズを「14」にします。

3 斜体の書式を設定します。

書式
Font プロパティ
オブジェクト .Font

解説 Font オブジェクトを取得します。

オブジェクト Range オブジェクトを指定します。

実行例

1 表の見出しの文字の、

2 フォントやサイズを変更し、斜体の飾りを付けます。

	A	B	C	D	E	F	G
1	新規会員数集計表						
2							
3	***支店名***	***通***	***ネット***	***合計***			
4	東京支店	56	85	141			
5	秋田支店	35	75	110			
6	長崎支店	55	92	147			
7	合計	146	252	398			
8							
9							
10							
11							
12							
13							
14							

書式
Name プロパティ／Size プロパティ
オブジェクト .Name
オブジェクト .Size

解説
フォントの情報は、Name プロパティ、文字のサイズは、Size プロパティを使って指定できます。サイズは、ポイント単位で指定します。

オブジェクト
Font オブジェクトを指定します。

Stepup テーマのフォントを使用する

テーマのフォントを利用するには、ThemeFont プロパティを利用します。

オブジェクト .ThemeFont

オブジェクト
Font オブジェクトを指定します。

設定値	内　容
xlThemeFontMajor	見出しのフォントを利用
xlThemeFontMinor	本文のフォントを利用
xlThemeFontNone	テーマのフォントを利用しない

Section
39 文字やセルの色を変更しよう

セルの塗りつぶし色の情報は、Interior オブジェクトを使って指定します。Interior オブジェクトは、Range オブジェクトの Interior プロパティで取得します。色は、Color プロパティなどで指定します。

1 文字やセルの色を変更しよう

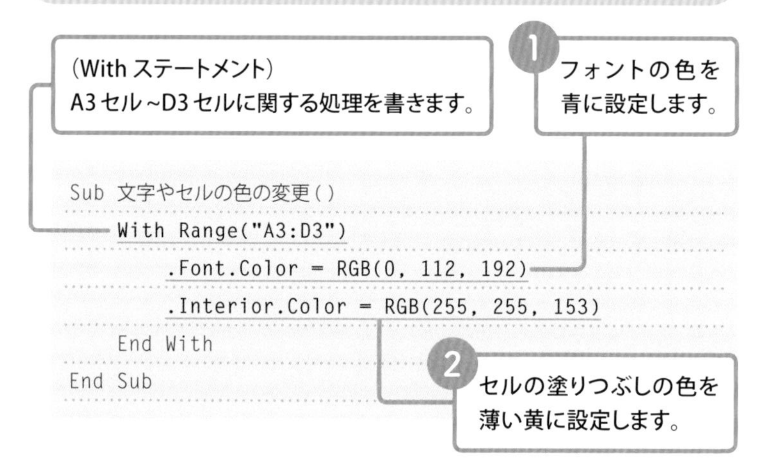

(With ステートメント)
A3 セル~D3 セルに関する処理を書きます。
1 フォントの色を青に設定します。
2 セルの塗りつぶしの色を薄い黄に設定します。


```
Sub 文字やセルの色の変更()
    With Range("A3:D3")
        .Font.Color = RGB(0, 112, 192)
        .Interior.Color = RGB(255, 255, 153)
    End With
End Sub
```

実行例

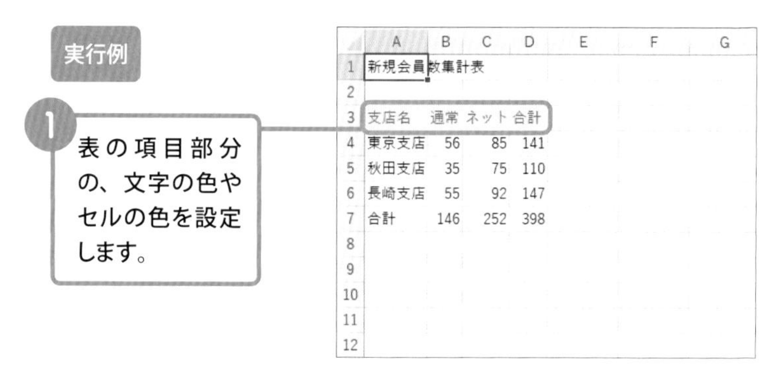

1 表の項目部分の、文字の色やセルの色を設定します。

	A	B	C	D	E	F	G
1	新規会員数集計表						
2							
3	支店名	通常	ネット	合計			
4	東京支店	56	85	141			
5	秋田支店	35	75	110			
6	長崎支店	55	92	147			
7	合計	146	252	398			
8							
9							
10							
11							
12							

書式

ColorIndex プロパティ／Color プロパティ

オブジェクト .ColorIndex

オブジェクト .Color

解説

文字の色を指定するには、Font オブジェクトの ColorIndex プロパティや Color プロパティなどを利用します。

オブジェクト

Font オブジェクトなどを指定します。

Hint ColorIndex プロパティで色を指定する

ColorIndex プロパティで色を設定するとき、設定値は、インデックス番号か、「自動設定」「色なし」を指定します。

設定値	内　容
xlColorIndexAutomatic	自動設定
xlColorIndexNone	色なし
インデックス番号	※下の図を参照

それぞれの色は、次の番号に対応しています。他の色を指定する方法は、次のページを参照してください。

	A	B	C	D	E	F	G	H	I
1	1	2	3	4	5	6	7	8	
2									
3	9	10	11	12	13	14	15	16	
4									
5	17	18	19	20	21	22	23	24	
6									
7	25	26	27	28	29	30	31	32	
8									
9	33	34	35	36	37	38	39	40	
10									
11	41	42	43	44	45	46	47	48	
12									
13	49	50	51	52	53	54	55	56	
14									
15									
16									

たとえば、A1 セルの文字の色を赤にするには、次のように指定します。
「Range("A1").Font.ColorIndex = 3」

Color プロパティと RGB 関数

Color プロパティを利用すると、Excel で指定できるさまざまな色を指定できます。RGB 関数を利用して指定します。引数で、赤、緑、青の強度をそれぞれ 0 ～ 255 の間の整数で指定します。
「RGB(赤 , 緑 , 青)」。

色の指定例

引数の指定	色
=RGB(0,0,0)	黒
=RGB(255,0,0)	赤
=RGB(255,255,255)	白

Excel で、色のイメージを確認するには、シートの見出しを右クリックして、［シート見出しの色］－［その他の色］を選択します。表示される［色の設定］画面の［ユーザー設定］タブで確認できます。

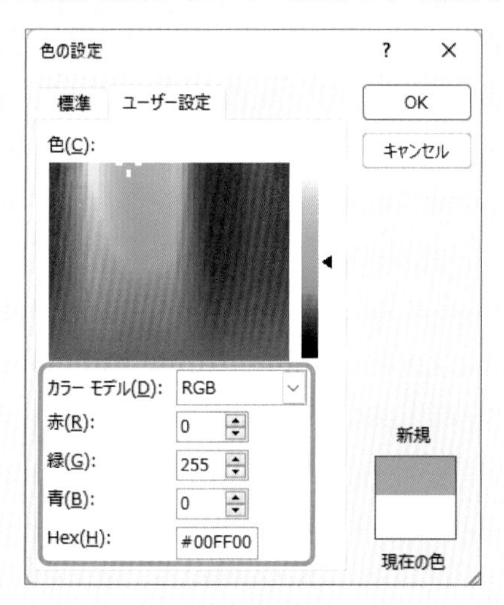
色の設定
?
×
標準
ユーザー設定
OK
キャンセル
色(C):
カラー モデル(D):
RGB
赤(R):
0
緑(G):
255
青(B):
0
Hex(H):
#00FF00
新規
現在の色

また、Color プロパティでは、RGB 関数の戻り値をそのまま指定することもできます。戻り値は、「RGB(赤 , 緑 , 青)=(赤の数値)+(緑の数値 *256)+(青の数値 *256^2)」で求められます。たとえば、薄い緑の場合、「RGB(146,208,80)」なので、「(146+(208*256)+(80*256^2)」=5296274 になります。

2 テーマの色を指定しよう

（With ステートメント）
A3 セル ~D3 セルに関する処理を書きます。

（With ステートメント）
フォントに関する処理を書きます。

```
Sub テーマの色に変更()
    With Range("A3:D3")
        With .Font
            .ThemeColor = xlThemeColorLight2
        End With
        With .Interior
            .ThemeColor = xlThemeColorAccent6
            .TintAndShade = 0.8
        End With
    End With
End Sub
```

1 テーマの色の［テキスト 2］を設定します。

2 テーマの色の［アクセント 6］を設定します。

（With ステートメント）
セルの塗りつぶしの色に関する処理を書きます。

3 明るさを［0.8］に設定します。

Memo

テーマ

テーマとは、文字の形や色合い、図形の効果など、さまざまな書式の組み合わせに名前を付けて登録したものです。Excel では、［ページレイアウト］タブの［テーマ］から選択できます。Excel のバージョンなどによって、テーマの内容は異なります。

実行例

1 表の項目部分の、

2 文字の色やセルの色を、テーマの色から選んで設定します。

	A	B	C	D	E	F	G
1	新規会員数集計表						
2							
3	支店名	通常	ネット	合計			
4	東京支店	56	85	141			
5	秋田支店	35	75	110			
6	長崎支店	55	92	147			
7	合計	146	252	398			
8							
9							
10							
11							
12							
13							
14							

書式

ThemeColor プロパティ

オブジェクト.ThemeColor

解説

テーマの色を設定するには、ThemeColor プロパティを利用します。設定値は、次の表を参照してください。

オブジェクト

Font オブジェクトなどを指定します。

設定値	内　容
xlThemeColorDark1	背景 1
xlThemeColorLight1	テキスト 1
xlThemeColorDark2	背景 2
xlThemeColorLight2	テキスト 2
xlThemeColorAccent1	アクセント 1
xlThemeColorAccent2	アクセント 2
xlThemeColorAccent3	アクセント 3
xlThemeColorAccent4	アクセント 4
xlThemeColorAccent5	アクセント 5
xlThemeColorAccent6	アクセント 6
xlThemeColorFollowedHyperlink	表示済みのハイパーリンク
xlThemeColorHyperlink	ハイパーリンク

書式
TintAndShade プロパティ
オブジェクト . TintAndShade

解説
テーマの色の明るさを指定するには、TintAndShade プロパティを使用します。明るさは、-1 から 1 の間で指定します。-1 が最も暗く、1 が最も明るい色になります。

オブジェクト
Font オブジェクトなどを指定します。

テーマの色を設定する（Excel の操作）

Excelの操作で文字やセルにテーマの色を設定するときは、色のパレットからテーマの色を選択します。

1. ThemeColor プロパティ
2. TintAndShade プロパティ」
約「0.8」
約「0.6」
約「0.4」
約「-0.25」
約「-0.5」

テーマの色
標準の色
塗りつぶしなし(N)
その他の色(M)...

セルの表示形式を設定する

セルの表示形式を指定するには、Range オブジェクトの NumberFormatLocal プロパティを使用します。書式の内容は、書式記号を使って指定します。次の例は、B4 ～ D7 セルに 3 桁区切りのカンマを付けます。

例：「Range("B4:D7").NumberFormatLocal = "#,##0"」

Section 40

表の行の高さや列幅を変更しよう

表内の行の高さや列幅を調整して、表の見た目を整えます。数値で指定するほかに、入力されている文字の大きさや長さに合わせて自動調整する方法もあります。

1 行の高さを調整しよう

```
Sub 行の高さの変更()
    Rows("4:6").RowHeight = 25
End Sub
```

1 4～6行目の行の高さを「25」にします。

実行例

1 元の表。

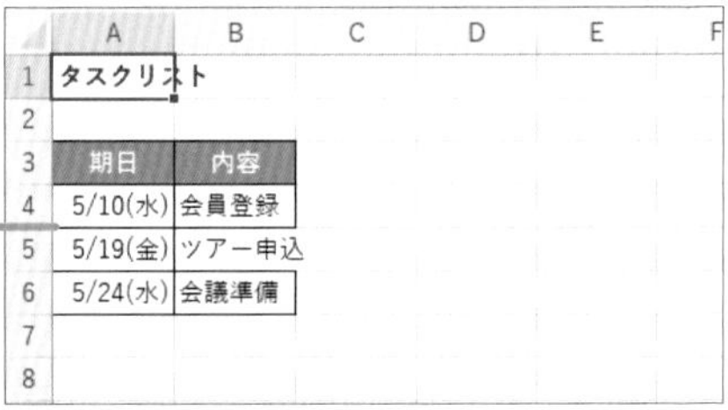

	A	B	C	D	E	F
1	タスクリスト					
2						
3	期日	内容				
4	5/10(水)	会員登録				
5	5/19(金)	ツアー申込				
6	5/24(水)	会議準備				
7						
8						

2 4～6行目の行の高さを「25」に設定します。

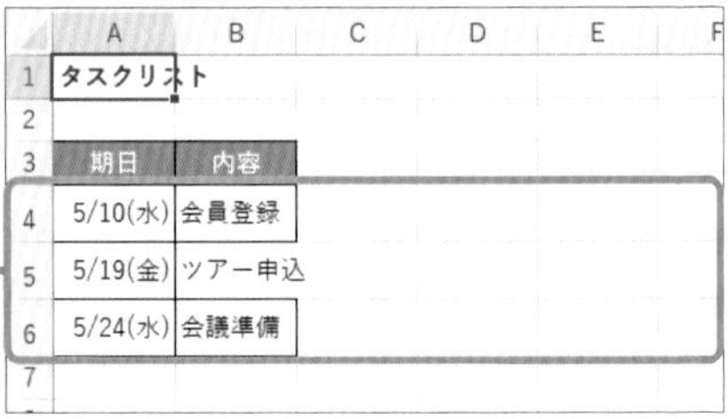

	A	B	C	D	E	F
1	タスクリスト					
2						
3	期日	内容				
4	5/10(水)	会員登録				
5	5/19(金)	ツアー申込				
6	5/24(水)	会議準備				
7						

書式

RowHeight プロパティ／ColumnWidth プロパティ

オブジェクト .RowHeight
オブジェクト .ColumnWidth

解説

行の高さ（RowHeight プロパティ）や列の幅（ColumnWidth プロパティ）を取得・指定します。行の高さはポイント単位で、列の幅は標準の大きさの文字が何文字入るかを指定します。

オブジェクト

Range オブジェクトを指定します。

2 列幅を調整しよう

```
Sub 列幅の調整()
    Columns("A:B").ColumnWidth = 12
End Sub
```

1 A ～ B 列の列幅を「12」にします。

実行例

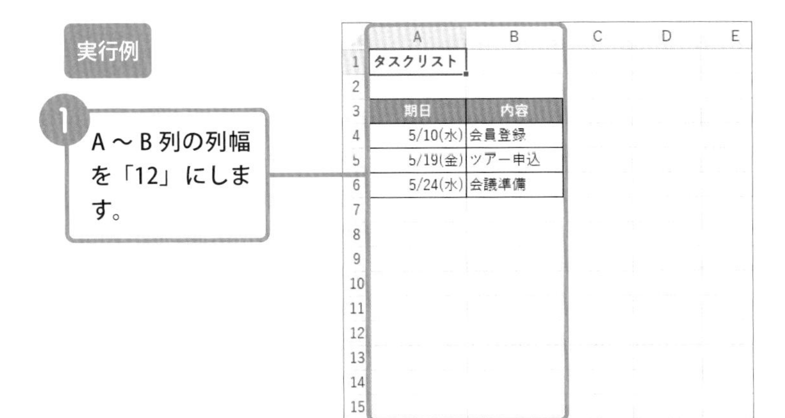
1 A ～ B 列の列幅を「12」にします。
A
B
C
D
E
タスクリスト
期日
内容
5/10(水)
会員登録
5/19(金)
ツアー申込
5/24(水)
会議準備

3 列幅を自動調整しよう

```
Sub 列幅の自動調整()
    Columns("A:B").AutoFit
End Sub
```

1 A列～B列の列幅を自動調整します。

実行例

1 A～B列の列幅を、文字の長さに合わせて自動調整します。

	A	B	C	D
1	タスクリスト			
2				
3	期日	内容		
4	5/10(水)	会員登録		
5	5/19(金)	ツアー申込		
6	5/24(水)	会議準備		
7				

書式 AutoFitメソッド
オブジェクト.AutoFit

解説 セルに入力されている文字の大きさや文字の長さに合わせて、行の高さや列の幅を自動調整します。

オブジェクト Rangeオブジェクトを指定します。

4 セル範囲を基準に列を自動調整しよう

```
Sub セル範囲を基準に調整()
    Range("A3").CurrentRegion.Columns.AutoFit
End Sub
```

1 A3 セルを含むアクティブセル領域を基準に列幅を調整します。

実行例

1 A3 セルを含むアクティブセル領域を基準に、列幅を調整します。A1 セルの文字の長さは無視されます。

	A	B	C	D
1	タスクリスト			
2				
3	期日	内容		
4	5/10(水)	会員登録		
5	5/19(金)	ツアー申込		
6	5/24(水)	会議準備		
7				
8				
9				
10				
11				

Memo

標準のスタイル

列幅を数値で指定するときは、文字の標準の大きさを基準に、何文字分にするか指定します。標準の大きさは通常「11 ポイント」です。標準の大きさを変更するには、[ホーム] タブの [セルのスタイル] をクリックし、[標準] を右クリックして [変更] をクリックします。

Section 41
条件を設定してデータを抽出しよう

リスト形式にまとめたデータから、条件に一致するデータを抽出するには、オートフィルター機能を利用する方法があります。VBA で同様の操作を行うには、AutoFilter メソッドを使います。

1 条件に一致するデータを表示しよう

```
Sub データ抽出()
    Range("A3").AutoFilter Field:=3, Criteria1:="和菓子"
End Sub
```

1 A3 セルを参照してオートフィルターを実行します。左から 3 列目が「和菓子」かどうかを抽出条件とします。

実行例

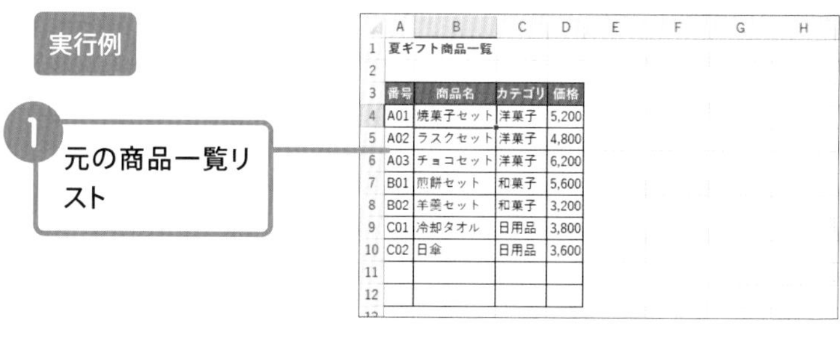

1 元の商品一覧リスト

	A	B	C	D
1	夏ギフト商品一覧			
2				
3	番号	商品名	カテゴリ	価格
4	A01	焼菓子セット	洋菓子	5,200
5	A02	ラスクセット	洋菓子	4,800
6	A03	チョコセット	洋菓子	6,200
7	B01	煎餅セット	和菓子	5,600
8	B02	羊羹セット	和菓子	3,200
9	C01	冷却タオル	日用品	3,800
10	C02	日傘	日用品	3,600

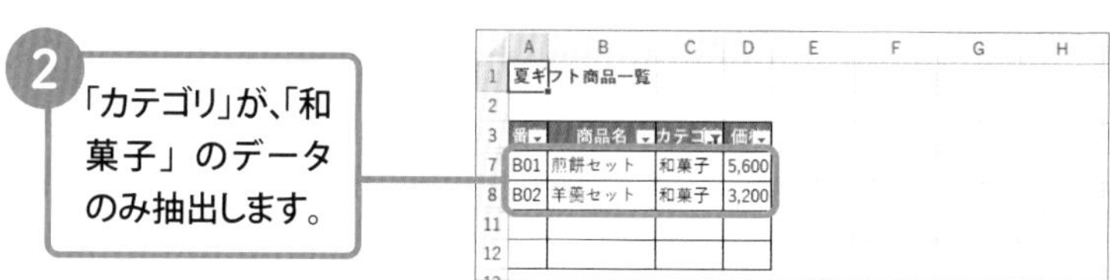

2 「カテゴリ」が、「和菓子」のデータのみ抽出します。

	A	B	C	D
1	夏ギフト商品一覧			
2				
3	番	商品名	カテゴ	価
7	B01	煎餅セット	和菓子	5,600
8	B02	羊羹セット	和菓子	3,200

書式

AutoFilter メソッド

オブジェクト .AutoFilter([Field],[Criteria1],[Operator],[Criteria2],[SubField],[VisibleDropDown])

解説

Range オブジェクトの AutoFilter メソッドを利用して、オートフィルターを実行します。

オブジェクト

Range オブジェクトを指定します。

引数

Field：条件を指定する列を番号で指定します。リストの一番左の列から 1.2.3・・・のように数えて指定します。

Criteria1：抽出条件を指定します。条件は、比較演算子などと組み合わせて指定できます。

Operator：抽出条件の指定方法を次の中から指定します。

設定値	内　容
xlAnd	Criteria1 と Criteria2 を AND 条件で指定する
xlBottom10Items	下から数えて○番目（Criteria1 で指定した数）までを表示する
xlBottom10Percent	下から数えて○%（Criteria1 で指定した数）までを表示する
xlOr	Criteria1 と Criteria2 を OR 条件で指定する
xlTop10Items	上から数えて○番目（Criteria1 で指定した数）までを表示する
xlTop10Percent	上から数えて○%（Criteria1 で指定した数）までを表示する
xlFilterCellColor	セルの色を指定する
xlFilterDynamic	動的フィルター（「平均より上」「今週」など）を指定する
xlFilterFontColor	フォントの色を指定する
xlFilterIcon	フィルターアイコンを指定する
xlFilterValues	3 つ以上の条件などを指定する

Criteria2：2 つめの抽出条件を指定します。この引数は、抽出条件の指定方法と組み合わせて利用します。複数の条件を And 条件や OR 条件で指定する場合などに使います。

SubField：Excel が新しく対応した株価や地理のデータ型の列で抽出条件を指定する場合などに使います。

VisibleDropDown：フィルターボタンを表示する場合は True、表示しない場合は False を指定します。

Section

42 複数の条件に一致するデータを抽出しよう

Sec.41 で紹介したオートフィルター機能を使用して、複数の抽出条件を指定します。ここでは AutoFilter メソッドを使って、目的のデータだけを絞り込んで表示します。

1 抽出条件を複数指定しよう

1 A3 セルを参照してオートフィルターを実行します。3 列目が「洋菓子」かどうかを抽出条件にします。

```
Sub 複数条件を指定してデータ抽出()
    Range("A3").AutoFilter Field:=3, Criteria1:="洋菓子"
    Range("A3").AutoFilter Field:=4, Criteria1:="<=6000"
End Sub
```

2 A3 セルを参照してオートフィルターを実行します。4 列目が「6000 以下」かどうかを抽出条件にします。

実行例

1 136 ページの商品一覧リストから、「カテゴリ」が「洋菓子」で「価格」が「6000」円以下の商品を抽出します。

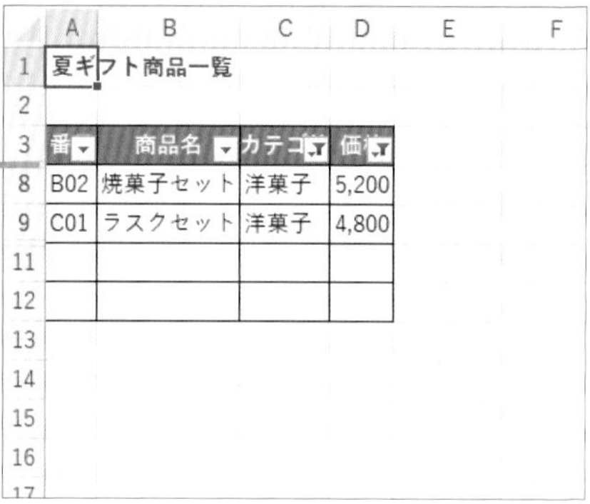

	A	B	C	D	E	F
1	夏ギフト商品一覧					
2						
3	番	商品名	カテゴ	価		
8	B02	焼菓子セット	洋菓子	5,200		
9	C01	ラスクセット	洋菓子	4,800		
11						
12						
13						
14						
15						
16						
17						

Stepup

抽出条件で値の範囲を指定する

「3500円以上で5000円以下」といった条件を指定するには、Criteria1とCriteria2にそれぞれ条件を設定します。さらに、AND条件かOR条件を使うかどうかを指定します。たとえば、左から4つ目のフィールドが「3500円以上で5000円以下」のデータを抽出するには次のように書きます。

```
Sub 抽出範囲を指定()
    Range("A3").AutoFilter Field:=4, _
        Criteria1:=">=3500", _
        Operator:=xlAnd, Criteria2:="<=5000"
End Sub
```

Hint

オートフィルターの設定をオフにする

AutoFilterメソッドで、オートフィルターの機能を実行するかを切り替えられます。次の例は、オートフィルター機能がオンのとき、オフにします。

```
Sub オートフィルター解除()
    If ActiveSheet.AutoFilterMode = True Then
        Range("A3").AutoFilter
    End If
End Sub
```

Hint

フィルター条件を解除する

抽出条件のみ解除するには、WorksheetオブジェクトのShowAllDataメソッドを使用する方法があります。

Section
43 セル範囲をテーブルに変換しよう

表のセル範囲をテーブルに変換します。VBAでは、テーブルを表すListObjectオブジェクトの集まりであるListObjectsコレクションの、Addメソッドを使用してテーブルを追加します。

1 テーブルって何？

テーブルとは、リスト形式に集めたデータをより活用しやすくするために利用する機能です。テーブルの列見出しの横には、フィルターボタンが表示され、フィルターボタンからデータを並べ替えたり、データを抽出したりできます。また、テーブルのデザインは、一覧から選択できます。

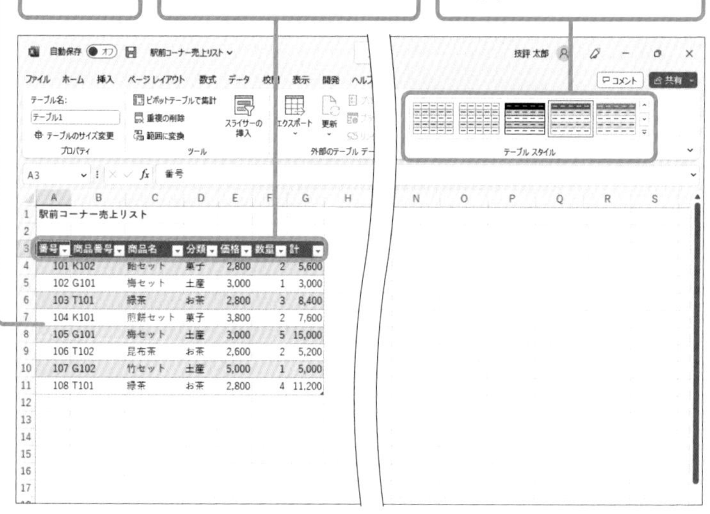

テーブル
クリックすると、並べ替えや抽出条件を指定できます。
クリックすると、テーブルのスタイルを選択できます。
駅前コーナー売上リスト
番号
商品番号
商品名
分類
価格
数量
計
テーブル スタイル

2 リストをテーブルに変換しよう

（With ステートメント）
A3 セルを含むアクティブセル領域を元にテーブルを作成し、そのテーブルに関する処理を書きます。

```
Sub テーブルに変換()
    With ActiveSheet.ListObjects.Add(SourceType:=xlSrcRange, _
        Source:=Range("A3").CurrentRegion)
        .TableStyle = "TableStyleMedium19"
        .Name = "売上明細"
    End With
End Sub
```

1 テーブルのスタイルを「テーブルスタイル（中間 19）」にします。

2 テーブル名を「売上明細」にします。

実行例

1 A3 セルを含むアクティブセル領域を、テーブルに変換します。

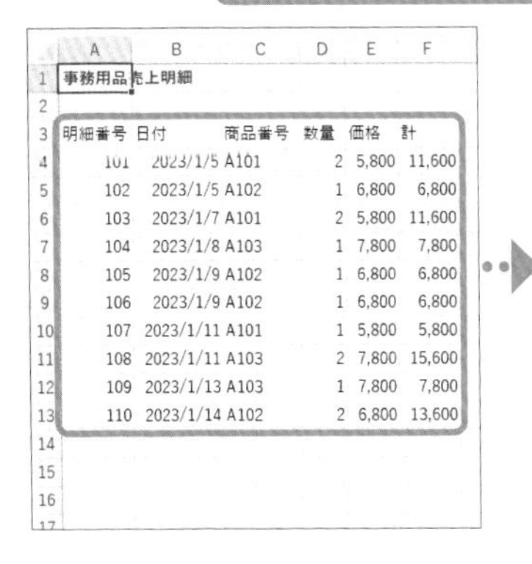

	A	B	C	D	E	F
1	事務用品売上明細					
2						
3	明細番号	日付	商品番号	数量	価格	計
4	101	2023/1/5	A101	2	5,800	11,600
5	102	2023/1/5	A102	1	6,800	6,800
6	103	2023/1/7	A101	2	5,800	11,600
7	104	2023/1/8	A103	1	7,800	7,800
8	105	2023/1/9	A102	1	6,800	6,800
9	106	2023/1/9	A102	1	6,800	6,800
10	107	2023/1/11	A101	1	5,800	5,800
11	108	2023/1/11	A103	2	7,800	15,600
12	109	2023/1/13	A103	1	7,800	7,800
13	110	2023/1/14	A102	2	6,800	13,600
14						
15						
16						

	A	B	C	D	E	F
1	事務用品売上明細					
2						
3	明細番号	日付	商品番号	数量	価格	計
4	101	2023/1/5	A101	2	5,800	11,600
5	102	2023/1/5	A102	1	6,800	6,800
6	103	2023/1/7	A101	2	5,800	11,600
7	104	2023/1/8	A103	1	7,800	7,800
8	105	2023/1/9	A102	1	6,800	6,800
9	106	2023/1/9	A102	1	6,800	6,800
10	107	2023/1/11	A101	1	5,800	5,800
11	108	2023/1/11	A103	2	7,800	15,600
12	109	2023/1/13	A103	1	7,800	7,800
13	110	2023/1/14	A102	2	6,800	13,600
14						
15						
16						

書式 Addメソッド

オブジェクト.Add([SourceType],[Source],[LinkSource],[XlListObjectHasHeaders],[Destination],[TableStyleName])

解説 新しいテーブルを作成します。

オブジェクト ListObjectsコレクションを指定します。

引数 SourceType：元のデータの種類を指定します。セル範囲の場合は、xlSrcRangeを指定します。

Source：データ元を指定します。引数SourceTypeがxlSrcRangeの場合は、省略可能です。

LinkSource：外部データソースをListObjectオブジェクトにリンクするかを指定します。SourceTypeがxlSrcRangeの場合は無効になります。

XlListObjectHasHeaders: 先頭行に列ラベルがあるかを指定します。

設定値	内容
xlGuess	列ラベルがあるか自動判定する
xlNo	なし
xlYes	あり

Destination：作成するリストの配置先を指定します。SourceTypeがxlSrcRangeの場合は無視されます。

TableStyleName：テーブルに適用するスタイル名を指定します。

Hint

ListObjectsコレクション

ListObjectsコレクションは、テーブルを表すListObjectオブジェクトの集まりです。WorksheetオブジェクトのListObjectsプロパティで取得できます。

Hint

テーブルを元の範囲に変換する

テーブルを元のセル範囲に変換するには、ListObject オブジェクトのUnlist メソッドを使用します。たとえば、「売上明細」テーブルをセル範囲に戻すには、次のように書きます。

```
Sub 元の範囲に変換()
    With ActiveSheet.ListObjects("売上明細")
        .TableStyle = ""
        .ShowTotals = False
        .Unlist
    End With
End Sub
```

Stepup

並べ替えや抽出をする新しい関数

VBA の操作ではありませんが、Excel2021 や Microsoft365 の Excel を使用している場合は、リストのデータを並べ替えたり抽出したりするスピル機能に対応した新しい関数を利用できます。これらの関数は、元のリストに手を加えずに、リストのデータを整理できます。VBA でリストを扱うときも、これらの関数の存在が役立つかもしれません。

関数名	内　容
SORT 関数	リスト以外の場所に、1 つの列を基準にデータを並べ替えて表示する
SORTBY 関数	リスト以外の場所に、複数の列を基準にデータを並べ替えて表示する
FILTER 関数	リスト以外の場所に、指定した条件に一致するデータを表示する
UNIQUE 関数	リスト以外の場所に、重複しないデータのみ表示する

Section 44

テーブルから データを抽出しよう

テーブルからデータを抽出します。ListObject オブジェクトの Range プロパティでリスト範囲の Range オブジェクトを取得し、AutoFilter メソッドでデータを抽出します。

1 テーブルから目的のデータを抽出しよう

（With ステートメント）
「売上明細」テーブルに関する処理を書きます。

1 テーブル範囲の左から 3 列目が「A102」のデータを抽出します。

```
Sub テーブルのデータ抽出()
    With ActiveSheet.ListObjects("売上明細")
        .Range.AutoFilter Field:=3, Criteria1:="A102"
        .ShowTotals = True
        .ListColumns("数量").TotalsCalculation = _
            xlTotalsCalculationSum
    End With
End Sub
```

2 集計行を表示します。

3 「数量」の列の集計方法を合計にします。

Hint

特定の列を指定する

テーブル内の特定の列を表す ListColumn オブジェクトを取得するには、ListObject オブジェクトの ListColumns プロパティでテーブルのすべての列を表す ListColumns コレクションを取得し、コレクション内の列を指定します。

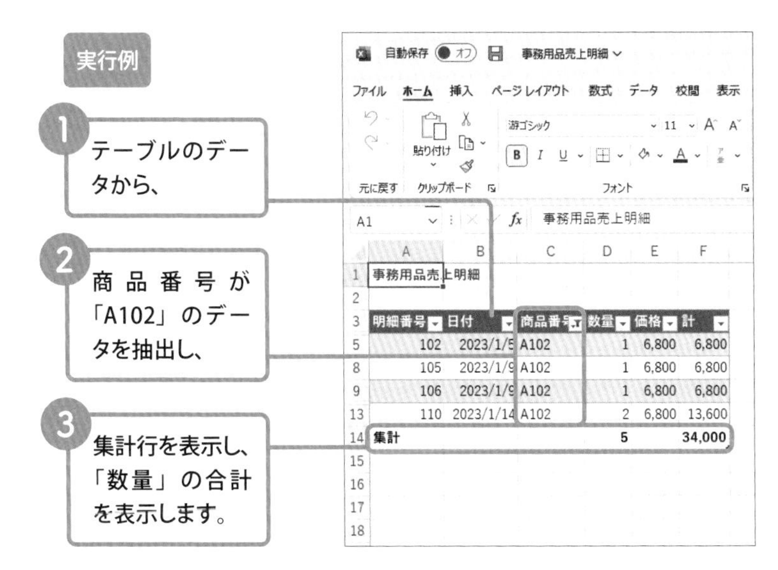
実行例
1 テーブルのデータから、
2 商品番号が「A102」のデータを抽出し、
3 集計行を表示し、「数量」の合計を表示します。
事務用品売上明細
明細番号
日付
商品番号
数量
価格
計
集計
5
34,000

書式 TotalsCalculation プロパティ

オブジェクト.TotalsCalculation

解説 テーブルの列の集計行の計算の種類を指定します。

設定値	内容
xlTotalsCalculationNone	計算なし
xlTotalsCalculationAverage	平均
xlTotalsCalculationCount	データの個数
xlTotalsCalculationCountNums	数値の個数
xlTotalsCalculationMax	最大値
xlTotalsCalculationMin	最小値
xlTotalsCalculationSum	合計
xlTotalsCalculationStdDev	標本標準偏差
xlTotalsCalculationVar	標本分散
xlTotalsCalculationCustom	その他の関数

オブジェクト ListColumn オブジェクトを指定します。

Section

45 データを並べ替えよう

データの並べ替えをするには、並べ替えに関する情報を示すSortオブジェクトを利用します。または、RangeオブジェクトのSortメソッドを利用することもできます。

1 Sortオブジェクトでデータを並べ替えよう

```
Sub データの並べ替え1()
    With ActiveSheet.Sort
        .SortFields.Clear
        .SortFields.Add Key:=Range("E3"), _
            SortOn:=xlSortOnValues, Order:=xlAscending
        .SortFields.Add Key:=Range("D3"), _
            SortOn:=xlSortOnValues, Order:=xlDescending
        .SetRange Range("A3").CurrentRegion
        .Header = xlYes
        .Apply
    End With
End Sub
```

(Withステートメント)アクティブシートの並べ替えに関する処理を書きます。

1 SortFieldsオブジェクトをすべてクリアします。

2 並べ替え条件に、E3セルをキーに値の昇順を指定し、

3 並べ替え条件に、D3セルをキーに値の降順を指定し、

4 A3セルを含むアクティブセル領域を並べ替えの範囲に設定します。

5 先頭行をデータの見出しとして使用し、

6 並べ替えを実行します。

実行例

❶ 元の表

自動保存 オフ 開催中一覧

ファイル ホーム 挿入 ページレイアウト 数式 データ

A1 開催中セミナー一覧

開催中セミナー一覧

番号	内容	分類	時間	教室
101	散歩教室	健康	30分	A
102	金融セミナー	ビジネス	90分	B
103	卓球教室	健康	60分	A
104	水彩画	趣味	60分	B
105	園芸教室	趣味	60分	A
106	広告動画作成	ビジネス	90分	B

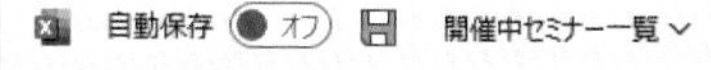

❷ 教室の列を基準に、昇順でデータを並べ替えます。

❸ 同じ教室が複数ある場合は、「時間」の降順になるように並べ替えます。

自動保存 オフ 開催中セミナー一覧

ファイル ホーム 挿入 ページレイアウト 数式 データ

A1 開催中セミナー一覧

開催中セミナー一覧

番号	内容	分類	時間	教室
103	卓球教室	健康	60分	A
105	園芸教室	趣味	60分	A
101	散歩教室	健康	30分	A
102	金融セミナー	ビジネス	90分	B
106	広告動画作成	ビジネス	90分	B
104	水彩画	趣味	60分	B

書式 Sort プロパティ

オブジェクト.Sort

解説 Sort オブジェクトを取得します。Sort オブジェクトのさまざまなメソッドやプロパティを利用すると、並べ替えに関するさまざまな指定ができます。たとえば、次のようなメソッド、プロパティがあります。

メソッド

Apply	並べ替えを行う
SetRange	並べ替えを行うセル範囲を指定する

プロパティ

Header	最初の行にヘッダーが含まれるかを指定する
MatchCase	大文字と小文字を区別するかを指定する
Orientation	並べ替えの方向を指定する
SortFields	SortFields コレクションを取得する

オブジェクト Worksheet オブジェクト、AutoFilter オブジェクト、ListObject オブジェクト、QueryTable オブジェクトを指定します。

Hint さまざまな条件でデータを並べ替える（Excel の操作）

Excel で並べ替えの条件を設定するには、[データ] タブの [並べ替え] をクリックして条件を追加します。

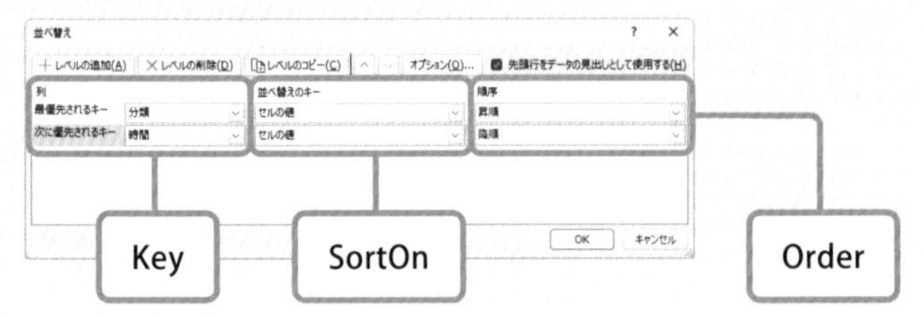
並べ替え
レベルの追加(A)
レベルの削除(D)
レベルのコピー(C)
オプション(O)...
先頭行をデータの見出しとして使用する(H)
列
最優先されるキー
次に優先されるキー
分類
時間
並べ替えのキー
セルの値
セルの値
順序
昇順
降順
OK
キャンセル
Key
SortOn
Order

並べ替えのフィールドの設定

書式

Add メソッド

オブジェクト .Add(Key,[SortOn],[Order],[CustomOrder],[DataOption])

解説

Sort オブジェクトを利用して、さまざまな条件でデータを並べ替えるには、並べ替え条件を示す SortField オブジェクトを利用します。SortField オブジェクトは、SortFields コレクションの Add メソッドを利用して追加します。SortFields コレクションは、Sort オブジェクトの SortFields プロパティを使って取得します。

オブジェクト

SortFields コレクションを指定します。

引数

Key：並べ替えの基準にする列を指定します。

SortOn：並べ替えの基準を指定します。

設定値	内　容
xlSortOnCellColor	セルの色
xlSortOnFontColor	文字の色
xlSortOnIcon	アイコン
xlSortOnValues	値

Order：並べ順を指定します。

並び順の設定値	内　容
xlAscending	昇順（既定値）
xlDescending	降順

CustomOrder：ユーザー設定リストを利用して並べ替えをする場合に、利用するリストを指定します。

DataOption：並べ替えの方法を指定します。設定値は下の表を参照してください。

設定値	内　容
xlSortNormal	数値データとテキストデータを別に並べ替える
xlSortTextAsNumbers	テキストを数値データとして並べ替える

Hint

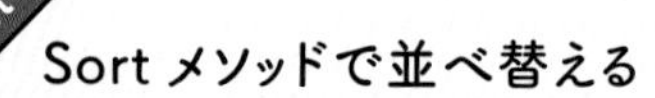

Sort メソッドで並べ替える

Range オブジェクトの Sort メソッドを利用しても並べ替えを実行できます。指定できる並べ替えのキーは 3 つまでです。簡単な条件で並べ替えを行うときは簡潔に書くことができるので便利です。メソッドの引数などは、ヘルプなどを参照してください。

```
Sub データの並べ替え2()
    Range("A3").Sort _
        Key1:=Range("E3"), Order1:=xlAscending, _
        Key2:=Range("D3"), Order2:=xlDescending, _
        Header:=xlYes
End Sub
```

A3 セルを含むアクティブセル領域を対象にデータの並べ替えを行います。並べ替えの条件は、「教室」の昇順、「時間」の降順にします。

Hint

Add2 メソッドについて

Excel2016 以降のバージョンでは、記録マクロでデータの並べ替えを記録すると、SortFields コレクションの Add2 メソッドでデータの並べ替え条件が指定される場合があります。Add2 メソッドは、Add メソッドとほぼ同様に使用できますが、Excel が新しく対応した株価や地理のデータ型にも対応しています。以前のバージョンの Excel で Add2 メソッドを使用すると、エラーが発生する可能性があるので注意してください。

Chapter

6

シートやブックを操作しよう

Section

Section

46 シートを参照しよう

Excelでは、1つのブックに複数のワークシートを用意して利用できます。ブックに複数のワークシートがある場合は、操作の対象となるワークシートを参照して指示を書く必要があります。

1 シートを表すオブジェクトを知ろう

VBAでは、ワークシートを「Worksheetオブジェクト」、グラフシートを「Chartオブジェクト」と表します。Worksheetオブジェクトの集まったものを「Worksheetsコレクション」、Chartオブジェクトが集まったものを「Chartsコレクション」。Worksheetオブジェクト、Chartオブジェクトの両方が集まったものを「Sheetsコレクション」と言います。

書式

Worksheetsプロパティ

オブジェクト.Worksheets(インデックス番号)

オブジェクト.Worksheets(名前)

解説

インデックス番号やシート名を使用してシートを参照します(74、75ページ参照)。

インデックス番号：参照するワークシートが左から何枚目にあるか指定します。

名前：シート名をダブルクォーテーションで囲って指定します。

オブジェクト

Workbookオブジェクトを指定します。オブジェクトを省略した場合は、作業中のブックとみなされます。

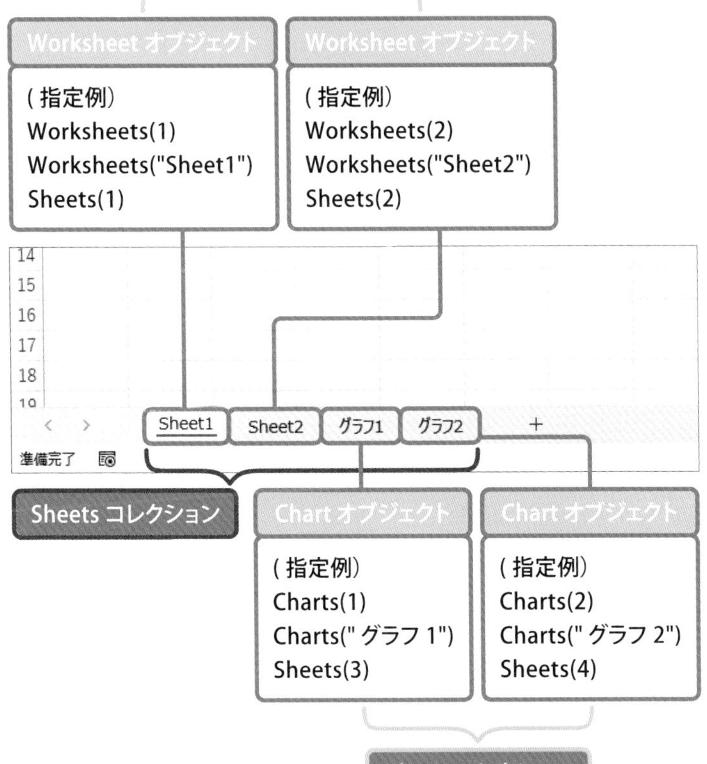
Worksheets コレクション
Worksheet オブジェクト
(指定例)
Worksheets(1)
Worksheets("Sheet1")
Sheets(1)
Worksheet オブジェクト
(指定例)
Worksheets(2)
Worksheets("Sheet2")
Sheets(2)
Sheet1
Sheet2
グラフ1
グラフ2
準備完了
Sheets コレクション
Chart オブジェクト
(指定例)
Charts(1)
Charts(" グラフ 1")
Sheets(3)
Chart オブジェクト
(指定例)
Charts(2)
Charts(" グラフ 2")
Sheets(4)
Charts コレクション

Hint Worksheet オブジェクトのメソッド

シートを操作するには、Worksheet オブジェクトのメソッドを使います。たとえば、シートを選択するには、Select メソッドを使います。シートを移動するには Move メソッド、コピーするには Copy メソッドを使います。メソッドの引数で移動先やコピー先を指定します。

Section 47

シートを操作しよう

Excel では、シートを分類するのに、見出し名や見出しの色を指定できます。VBA でシート名を指定するには、Worksheet オブジェクトの Name プロパティを利用します。

1 シート名を変更しよう

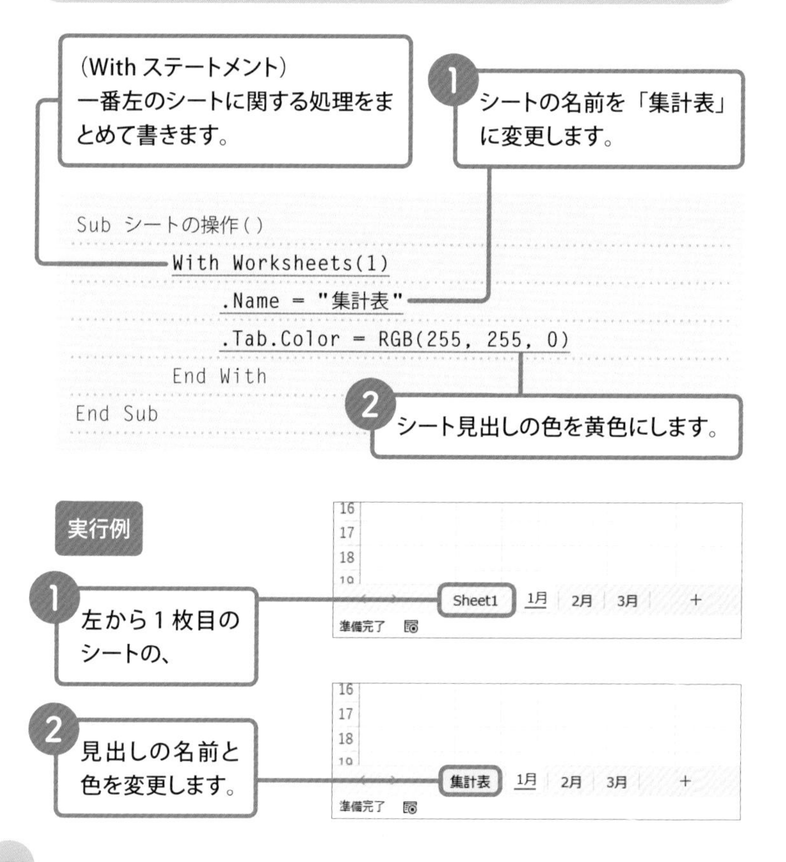

(With ステートメント)
一番左のシートに関する処理をまとめて書きます。
1 シートの名前を「集計表」に変更します。
Sub シートの操作()
With Worksheets(1)
.Name = "集計表"
.Tab.Color = RGB(255, 255, 0)
End With
End Sub
2 シート見出しの色を黄色にします。
実行例
1 左から1枚目のシートの、
Sheet1
1月
2月
3月
準備完了
2 見出しの名前と色を変更します。
集計表
1月
2月
3月
準備完了

書式 Name プロパティ

オブジェクト .Name

解説 シートの見出しを指定するには、Worksheet オブジェクトの Name プロパティを利用します。

オブジェクト Worksheet オブジェクトを指定します。

書式 ColorIndex ／ Color プロパティ

オブジェクト .ColorIndex

オブジェクト .Color

解説 シート見出しの色を指定します。Wordsheet オブジェクトの Tab プロパティでワークシートの見出しを表す Tab オブジェクトを取得し、Tab オブジェクトの Color プロパティや ColorIndex プロパティで指定します（127、128 ページを参照）。

オブジェクト Tab オブジェクトを指定します。

Hint

アクティブシートを参照する

現在作業中のシートを参照するときは、Workbook オブジェクトの ActiveSheet プロパティを利用します。オブジェクトを指定しない場合は、アクティブブックのアクティブシートを参照できます。

書式 **オブジェクト .ActiveSheet**

オブジェクト Workbook オブジェクトや Window オブジェクトを指定します。

Section 48

シートを追加・削除しよう

ここでは、シートを追加したり削除したりするメソッドを解説します。メソッドを使うときは、どこにシートを追加するのか、どのシートを削除するのかを指定します。

1 シートを追加しよう

1 一番左のシートの前にシートを追加します。

```
Sub シートの追加()
    Worksheets.Add Before:=Worksheets(1)
    Worksheets(1).Name = "集計表"
End Sub
```

2 一番左のシート名を「集計表」にします。

実行例

1 一番左端にシートを追加して、

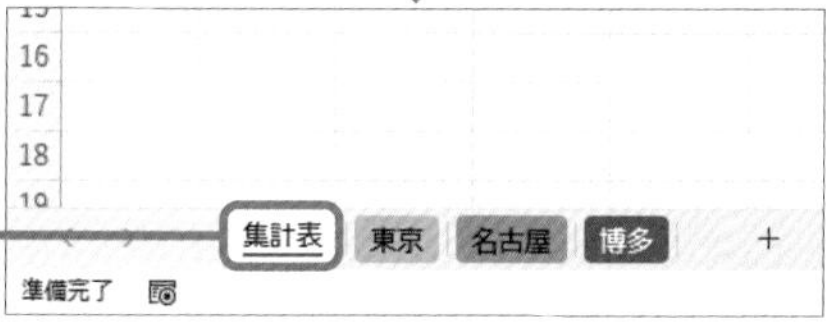

2 シート名を「集計表」とします。

東京	名古屋	博多	+

準備完了

集計表	東京	名古屋	博多	+

準備完了

書式

Add メソッド

オブジェクト .Add([Before],[After],[Count],[Type])

解説

Worksheets コレクションの Add メソッドを利用してシートを追加します。追加先は、Before または After で指定します。Before と After の両方を省略すると、アクティブシートの前にシートが追加されます。

オブジェクト

Worksheets コレクションを指定します。

引数

Before：指定したシートの前にシートを追加します。
After：指定したシートの後にシートを追加します。
Count：追加するシートの数を指定します。省略時は「1」。
Type：シートの種類を指定します。省略時は「ワークシート」。

Memo

シートを非表示にする

シートを非表示にするには、Worksheet オブジェクトの Visible プロパティを利用します。設定値は、次の通りです。

設定値	内　容
xlSheetVeryHidden	表示しない（手動で表示に切り替えられない）
xlSheetHidden または False	表示しない（手動で表示に切り替えることは可能）
xlSheetVisible または True	表示する

Hint

シートを削除する

シートを削除するには、Worksheet オブジェクトの Delete メソッドを使います。下の例は、一番右側のシートを削除します。一番右側のシートが左から何枚目かわからない場合は、Worksheets コレクションの Count プロパティを利用して、ワークシートの数を取得します。「Worksheets(Worksheets.Count).Delete」

Section
49 ブックを参照しよう

Excel では、同時に複数のブックを開いて、切り替えながら操作できます。VBA では、複数のブックを開いている場合、操作対象のブックを指定して参照する必要があります。

1 ブックを表すオブジェクトを知ろう

VBA では、ブックを「Workbook オブジェクト」と表します。Workbook オブジェクトが集まったものを「Workbooks コレクション」といいます。

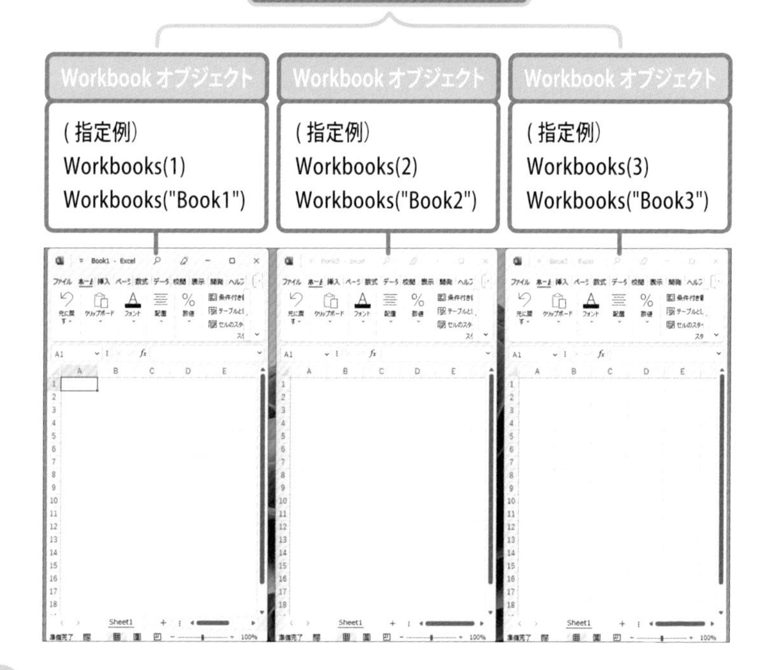

Workbooks コレクション
Workbook オブジェクト
(指定例)
Workbooks(1)
Workbooks("Book1")
Workbook オブジェクト
(指定例)
Workbooks(2)
Workbooks("Book2")
Workbook オブジェクト
(指定例)
Workbooks(3)
Workbooks("Book3")

2 操作対象のブックを指定しよう

```
Sub ブックの選択()
    Workbooks("販売商品一覧.xlsx").Activate
End Sub
```

1 「販売商品一覧」ブックをアクティブにします。

実行例

1 後ろに隠れている「販売商品一覧」ブックを、アクティブブックにします。

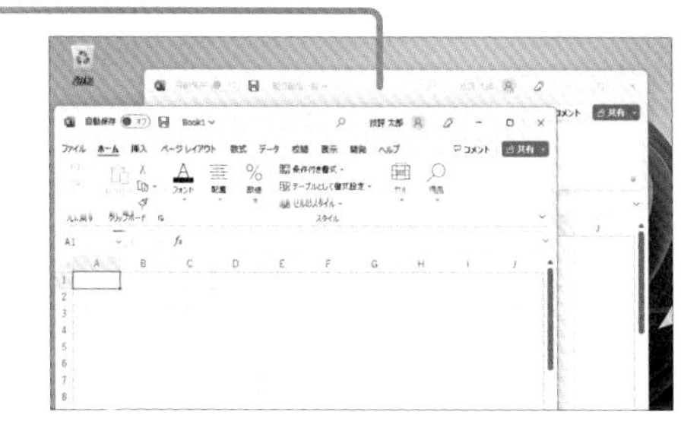

書式

Workbooks プロパティ

オブジェクト .Workbooks(インデックス番号)

オブジェクト .Workbooks(名前)

解説

複数のブックの中から特定のブックを参照するには、インデックス番号やブック名を使って指定します（74、75 ページ参照）。

インデックス番号：参照するブックが、何番目に開いたブックか番号で指定します。

名前：ブック名を「"(ダブルクォーテーション)」で囲って指定します。拡張子を表示する設定になっている場合は、ブック名の指定に拡張子も含めます。

オブジェクト

Application オブジェクトを指定します。一般的には省略します。

3 ブックの場所やブックの名前を参照しよう

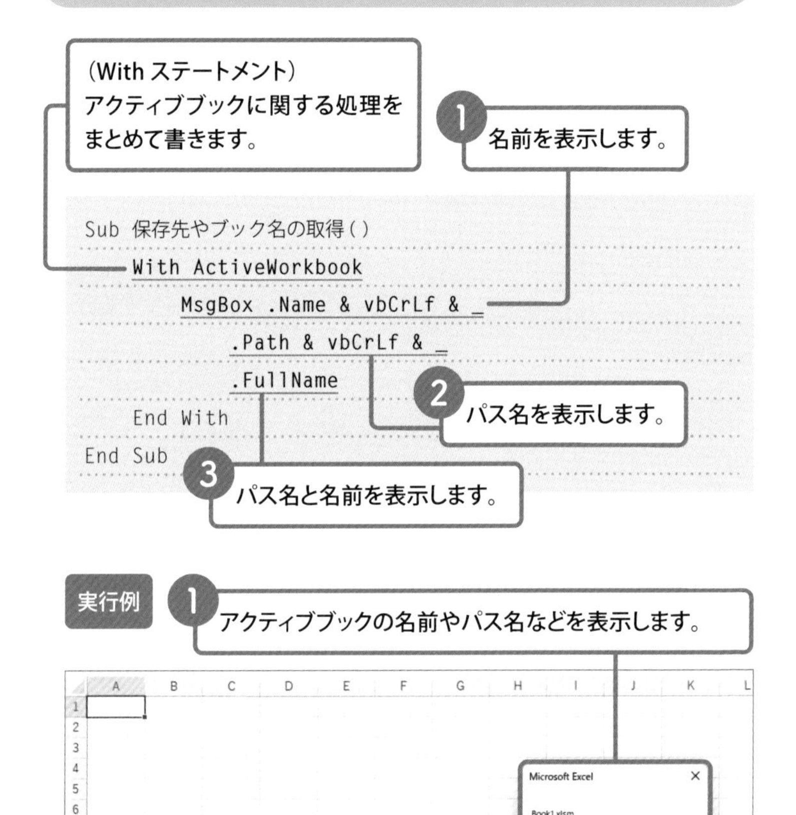

（With ステートメント）
アクティブブックに関する処理をまとめて書きます。
1 名前を表示します。
2 パス名を表示します。
3 パス名と名前を表示します。
実行例
1 アクティブブックの名前やパス名などを表示します。
Microsoft Excel
Book1.xlsm
C:¥Users¥User01¥Desktop
C:¥Users¥User01¥Desktop¥Book1.xlsm
OK


```
Sub 保存先やブック名の取得()
    With ActiveWorkbook
        MsgBox .Name & vbCrLf & _
            .Path & vbCrLf & _
            .FullName
    End With
End Sub
```

Hint メッセージの途中で改行する

メッセージの途中で改行するには、改行を示す「vbCrLf」を「&」でつなげて書きます。

書式	Name プロパティ／ Path プロパティ／ FullName プロパティ **オブジェクト .Name** **オブジェクト .Path** **オブジェクト .FullName**
解説	ブックの名前やブックの保存先、ブックの保存先とブック名を参照するには、Name プロパティ、Path プロパティ、FullName プロパティを使用します。
オブジェクト	Workbook オブジェクトを指定します。

Hint

マクロが書かれているブックを参照する

マクロが書かれているブックを参照するには、ThisWorkbook プロパティを使います。下の例は、メッセージ画面に、このマクロを含むブックの名前を表示します。
「MsgBox ThisWorkbook.Name」

書式	ThisWorkbook プロパティ **オブジェクト .ThisWorkbook**
解説	現在実行しているマクロが書かれているブックを参照します。
オブジェクト	Application オブジェクトを指定します。オブジェクトの記述は、通常省略します。

Hint

アクティブブックを操作の対象にする

現在作業中のブックを参照するには、Application オブジェクトの ActiveWorkbook プロパティを利用します。

Section 50

作業しているフォルダーの場所を確認しよう

現在作業の対象となっているフォルダーを、カレントフォルダーと呼びます。ここでは、カレントフォルダーの場所を取得したり、カレントフォルダーの場所を変更したりする方法を紹介します。

1 カレントフォルダーの場所を知ろう

カレントフォルダーとは、現在作業の対象になっているフォルダーのことです。ブックを開いたり、保存したりする画面を開いたときに、保存先として表示されるフォルダーがカレントフォルダーです。保存先のフォルダーをほかの場所に変更すると、そのフォルダーがカレントフォルダーになります。VBA では、保存先を指定しないときはカレントフォルダーが指定されたものと見なされます。

Cドライブ
(カレントドライブ)

Dドライブ

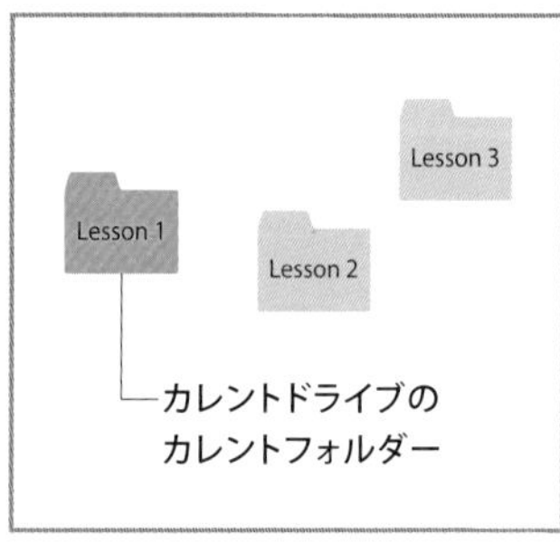

Lesson 3
Lesson 1
Lesson 2
カレントドライブの
カレントフォルダー

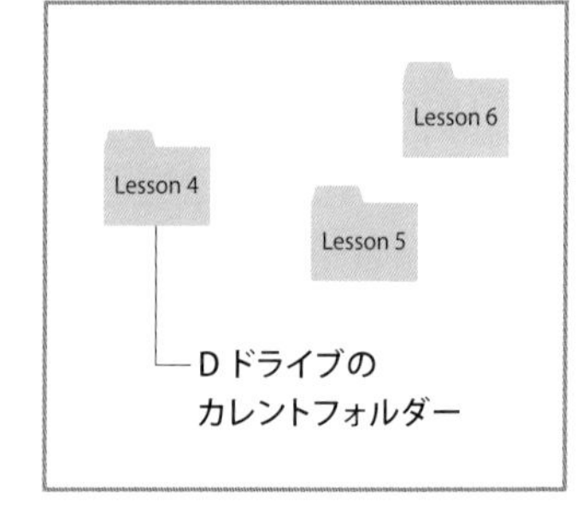

Lesson 6
Lesson 4
Lesson 5
Dドライブの
カレントフォルダー

カレントドライブの操作

カレントドライブのカレントフォルダーを取得	CurDir
D ドライブのカレントフォルダーを取得	CurDir("D")
カレントフォルダーを「Lesson3」に変更	ChDir "C:¥Lesson3"
カレントドライブを「D ドライブ」に変更	ChDrive "D"
カレントドライブを「D ドライブ」の「Lesson5」に変更	ChDrive "D" ChDir "D:¥Lesson5"

書式

CurDir 関数

CurDir [(Drive)]

解説

指定したドライブのカレントフォルダーの場所を取得します。引数 Drive を省略すると、カレントドライブのカレントフォルダーの場所を取得します。

Stepup 既定のファイルの場所を取得する

Excel を起動した直後、ファイルを開いたり保存したりするときに最初に表示されるフォルダーを「既定のファイルの場所」といいます。VBA で既定のファイルの場所を取得するには、Application オブジェクトの DefaultFilePath プロパティを利用します。
例：「MsgBox Application.DefaultFilePath」

Excel の操作で既定のファイルの場所を確認するには、26 ページの方法で［Excel のオプション］ダイアログボックスを表示します。左側の［保存］をクリックし、［既定のローカルファイルの保存場所］を参照します。

Section
51 ブックを開いたり閉じたりしよう

ここでは、ブックを開いたり閉じたりする方法を解説します。VBA では、Open メソッドや Close メソッドの引数で、ブックの保存先やブック名を指定します。

1 指定したブックや新しいブックを開こう

```
Sub ブックを開く()
    Workbooks.Open _
        Filename:=ThisWorkbook.Path & "¥販売商品一覧.xlsx"
End Sub
```

1 このマクロが書かれたブックと同じフォルダーの「販売商品一覧」ブックを開きます。

実行例

1 指定したフォルダーの「販売商品一覧」ブックを開きます。

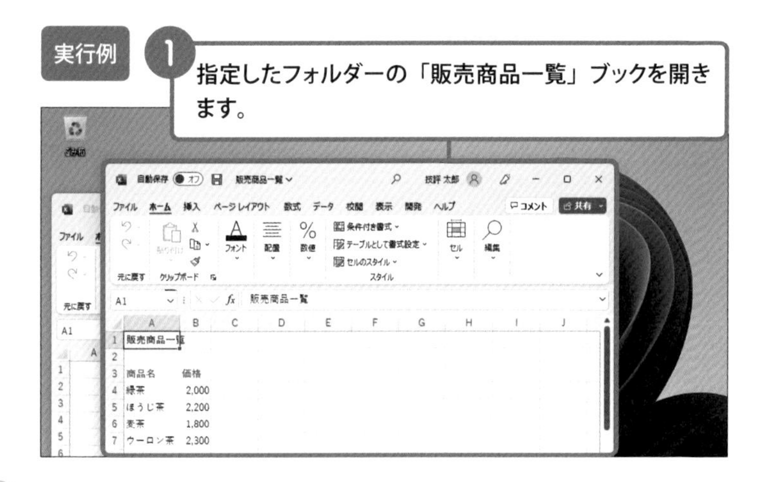
自動保存
オフ
販売商品一覧
ファイル
ホーム
挿入
ページレイアウト
数式
データ
校閲
表示
開発
ヘルプ
コメント
共有
条件付き書式
テーブルとして書式設定
セルのスタイル
スタイル
フォント
配置
数値
セル
編集
元に戻す
クリップボード
販売商品一覧
商品名
価格
緑茶
2,000
ほうじ茶
2,200
麦茶
1,800
ウーロン茶
2,300

書式

Open メソッド

オブジェクト .Open([Filename],[UpdateLinks],[ReadOnly],[Format],[Password],[WriteResPassword],[IgnoreReadOnlyRecommended],[Origin],[Delimiter],[Editable],[Notify],[Converter],[AddToMru],[Local],[CorruptLoad])

解説

ブックを開きます。引数で、ブックの保存先やブック名を指定します。ブックの保存先を省略したときは、カレントフォルダー内のブックが開きます。

オブジェクト

Workbooks コレクションを指定します。

引数

Filename：ブック名を指定します。

UpdateLinks：リンクの更新方法を指定します。省略した場合、確認メッセージが表示されます。

設定値	内　容
0	リンクを更新しない
3	リンクを更新する

ReadOnly：読み取り専用モードで開くときは True を指定します。

Format：テキストファイルを開くときの、区切り文字を指定します。

設定値	内　容
1	タブ
2	カンマ
3	スペース
4	セミコロン
5	なし
6	カスタム文字（※引数 Delimiter で指定）

Password：パスワードで保護されたブックを開くときのパスワードを指定します。

WriteResPassword：書き込みパスワードが設定されたブックを開くときの書き込みパスワードを指定します。

IgnoreReadOnlyRecommended：読み取り専用を推奨するメッセージを非表示にするときは True を指定します。

※その他の引数については、ヘルプを参照してください。

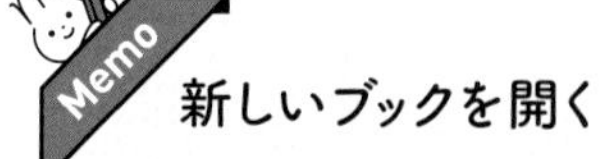

新しいブックを開く

新しいブックを追加するには、Workbooksコレクションの Add メソッドを利用します。
「Workbooks.Add」

2 指定したブックを閉じよう

```
Sub ブックを閉じる()
    Workbooks("販売商品一覧.xlsx").Close
End Sub
```

1 「販売商品一覧」ブックを閉じます。

実行例

1 開いている「販売商品一覧」ブックを閉じます。

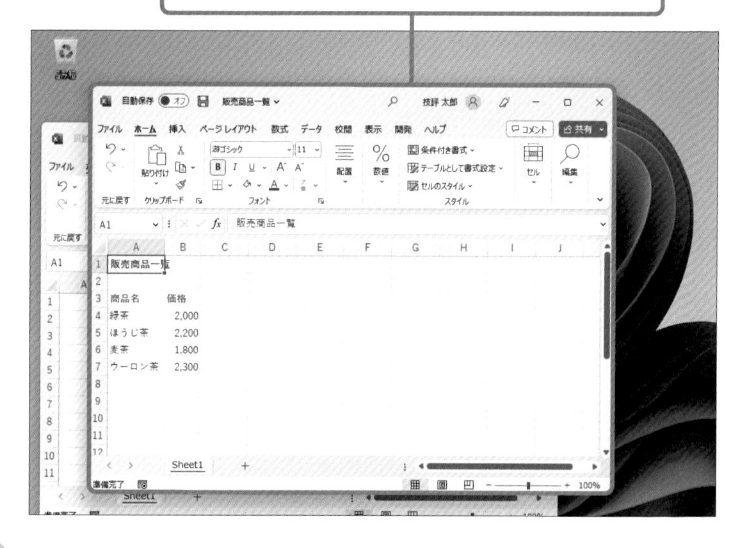
販売商品一覧
商品名 価格
緑茶 2,000
ほうじ茶 2,200
麦茶 1,800
ウーロン茶 2,300
Sheet1

書式	Close メソッド **オブジェクト . Close([SaveChanges],[Filename],[RouteWorkbook])**
解説	ブックを閉じます。引数には、変更を保存するかどうかなどを指定します。
オブジェクト	Workbook オブジェクトを指定します。

引数

SaveChanges：ブックが変更されているとき、変更を保存するかどうか指定します。

例：「ThisWorkbook.Close SaveChanges:=True」

設定値	内容
True	ブックの変更を保存します。ブックが保存されていないときは、引数 Filename で指定された名前で保存されます。Filename が指定されていない場合は、ブックを保存する画面を表示します。
False	変更を保存しません。
省略	ブックを保存するかどうかを問うメッセージを表示します。

Filename：変更後のブック名を指定します。

RouteWorkbook：以前使用されていたブックの回覧機能に関する内容を指定するものです。

Hint すべてのブックを閉じる

Workbooks コレクションを対象に Close メソッドを使用します。ブックが変更されている場合は、保存を確認するメッセージが表示されます。

例：「Workbooks.Close」

Section

52 ブックを保存しよう

ブックを上書き保存するには、Workbook オブジェクトの Save メソッドを使用します。また、名前をつけて保存するには、Workbook オブジェクトの SaveAs メソッドを使います。

1 ブックに名前を付けて保存しよう

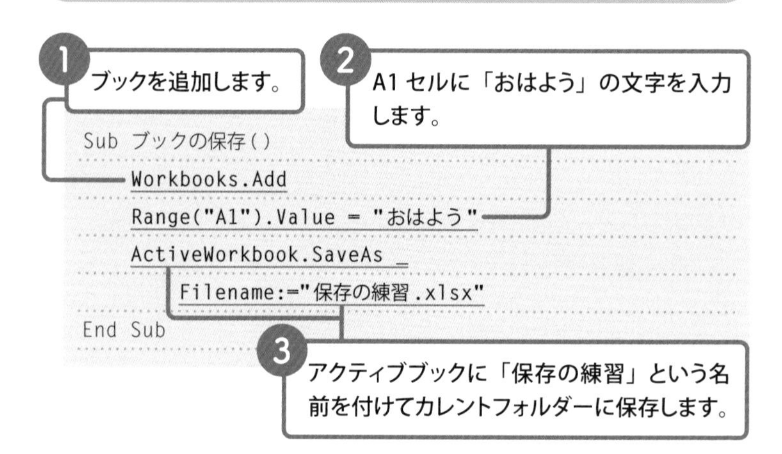

1 ブックを追加します。
2 A1 セルに「おはよう」の文字を入力します。
3 アクティブブックに「保存の練習」という名前を付けてカレントフォルダーに保存します。


```
Sub ブックの保存()
    Workbooks.Add
    Range("A1").Value = "おはよう"
    ActiveWorkbook.SaveAs _
        Filename:="保存の練習.xlsx"
End Sub
```

実行例

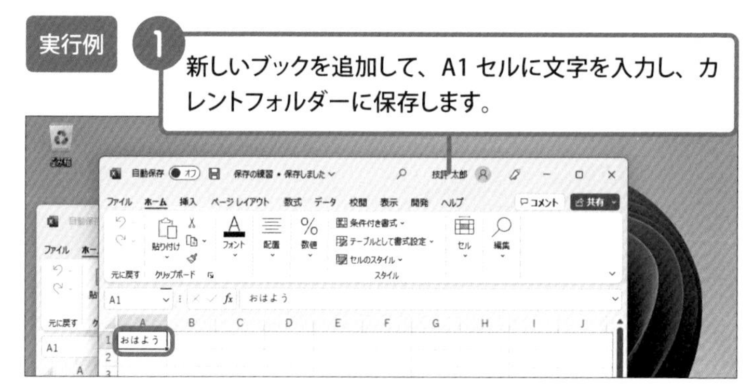

1 新しいブックを追加して、A1 セルに文字を入力し、カレントフォルダーに保存します。
保存の練習・保存しました
おはよう

書式

SaveAs メソッド

オブジェクト.SaveAs([Filename],[FileFormat],[Password],[WriteResPassword],[ReadOnlyRecommended],[CreateBackup],[AccessMode],[ConflictResolution],[AddToMru],[TextCodepage],[TextVisualLayout],[Local])

解説

ブックに名前をつけて保存します。

オブジェクト

Workbook オブジェクト、Worksheet オブジェクト、Chart オブジェクトを指定します。

引数

Filename：ブック名を指定します。ブックのパス名を省略した場合は、カレントフォルダーに保存されます。

FileFormat：ファイル形式を指定します。

主なファイル形式

設定値	内　容
xlOpenXMLWorkbook	Excel ブック
xlOpenXMLWorkbookMacroEnabled	Excel マクロ有効ブック
xlText	テキストファイル（タブ区切り）
xlCSV	CSV（カンマ区切り）

Password：読み取りパスワードを指定します

WriteResPassword：書き込みパスワードを指定します

ReadOnlyRecommended：読み取り専用を推奨するメッセージを表示するには、True を指定します

※そのほかの引数については、ヘルプなどを参照してください。

Memo

ブックを上書き保存する

ブックを上書き保存するには、Save メソッドを使用します。ブックが一度も保存されていないときは、カレントフォルダー内に、「Book1」といった仮の名前で保存されます。

「ActiveWorkbook.Save」

Section 53

印刷イメージを表示したり印刷を実行したりしよう

印刷時の設定を行うには、PageSetup オブジェクトのプロパティを利用します。PageSetup オブジェクトは、Worksheet オブジェクトの PageSetup プロパティを利用して取得できます。

1 PageSetupオブジェクトの主なプロパティ

プロパティ	内容
Orientation プロパティ	印刷の向き
Zoom プロパティ	拡大・縮小印刷
FitToPagesWide プロパティ／FitToPagesTall プロパティ	次のページ数に合わせて印刷
PaperSize プロパティ	用紙サイズ
TopMargin プロパティ／BottomMargin プロパティ／LeftMargin プロパティ／RightMargin プロパティ	余白（上）／（下）／（左）／（右）
HeaderMargin プロパティ／FooterMargin プロパティ	余白（ヘッダー位置）／（フッター位置）
LeftHeader プロパティ／CenterHeader プロパティ／RightHeader プロパティ	ヘッダー（左）／（中央）／（右）
LeftFooter プロパティ／CenterFooter プロパティ／RightFooter プロパティ	フッター（左）／（中央）／（右）
PrintArea プロパティ	印刷範囲
PrintTitleRows プロパティ／PrintTitleColumns プロパティ	印刷タイトル（行）／（列）

Hint

印刷イメージを表示する

印刷イメージを確認するには、Worksheet オブジェクトなどの PrintPreview メソッドを使用します。

2 ページ設定を行おう

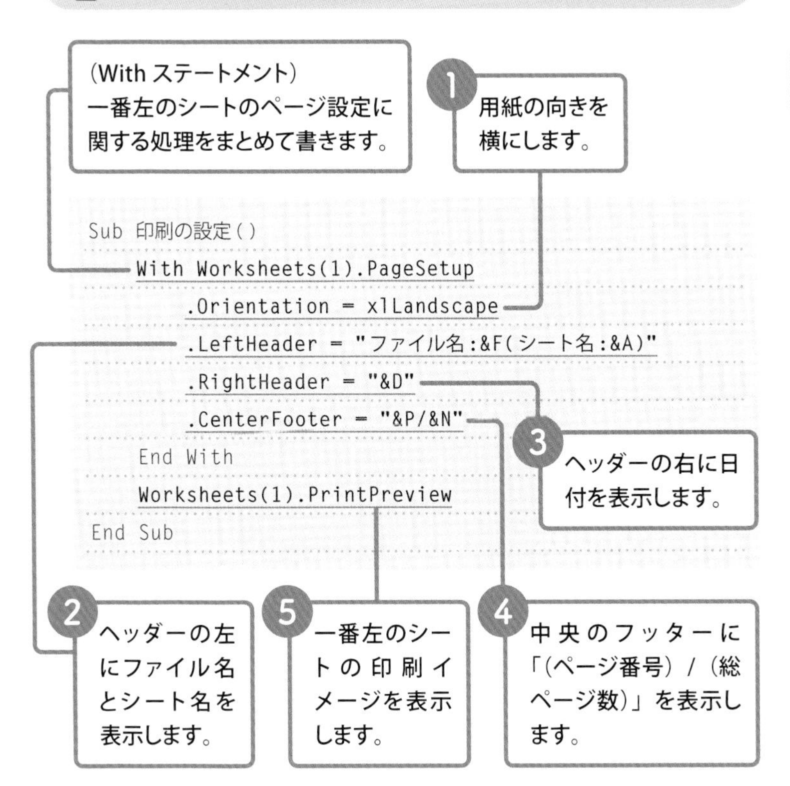

（With ステートメント）
一番左のシートのページ設定に関する処理をまとめて書きます。
1 用紙の向きを横にします。
Sub 印刷の設定()
With Worksheets(1).PageSetup
.Orientation = xlLandscape
.LeftHeader = "ファイル名:&F(シート名:&A)"
.RightHeader = "&D"
.CenterFooter = "&P/&N"
End With
Worksheets(1).PrintPreview
End Sub
3 ヘッダーの右に日付を表示します。
2 ヘッダーの左にファイル名とシート名を表示します。
5 一番左のシートの印刷イメージを表示します。
4 中央のフッターに「(ページ番号) / (総ページ数)」を表示します。

Hint ヘッダー／フッター指定時に利用できる記号について

ヘッダーやフッターで文字の書式を変更したり、日付やページ番号を自動入力したりするには、「&D」「&P」などの記号を利用します。詳しくは、ヘルプ（「ヘッダーとフッターに指定できる書式コードとVBA コード」）で確認できます。

Hint

印刷を実行する

印刷を実行するには、PrintOut メソッドを使います。引数で印刷するページや印刷部数などを指定できます。

書式
PrintOut メソッド
オブジェクト .PrintOut([From],[To],[Copies],[Preview],[ActivePrinter],[PrintToFile],[Collate],[PrToFileName],[IgnorePrintAreas])

解説
印刷を実行します。引数で、部数や印刷ページなどを指定できます。

オブジェクト
Range オブジェクト、Worksheet オブジェクト、Worksheets コレクション、Chart オブジェクト Charts コレクション、Sheets コレクション Workbook オブジェクト、Window オブジェクトを指定します。

引数
From：印刷を開始するページ番号を指定します。
To：印刷を終了するページ番号を指定します。
Copies：印刷部数を指定します。
Preview：印刷前に印刷プレビュー表示に切り替えるときは True、切り替えないときは False を指定します。
ActivePrinter：プリンター名を指定します。
PrintToFile：ファイルへ出力するときは True を指定します。Ture を指定した場合は、引数 PrToFileName でファイル名を指定できます。
Collate：部単位で印刷するときは True を指定します。
PrToFileName：引数 PrintToFile で True を指定したとき、出力先のファイル名を指定します。
IgnorePrintAreas：印刷範囲を無視する場合は True を指定します。

Chapter

7

条件分岐や繰り返しの処理を行おう

Section

Section 54

条件分岐の考え方を理解しよう

マクロで操作を自動化するとき、指定した条件に一致するかどうかで、実行する内容を分けることができます。VBAでは、条件分岐処理の書き方が複数用意されています。

1 条件に応じて実行する処理を分岐しよう

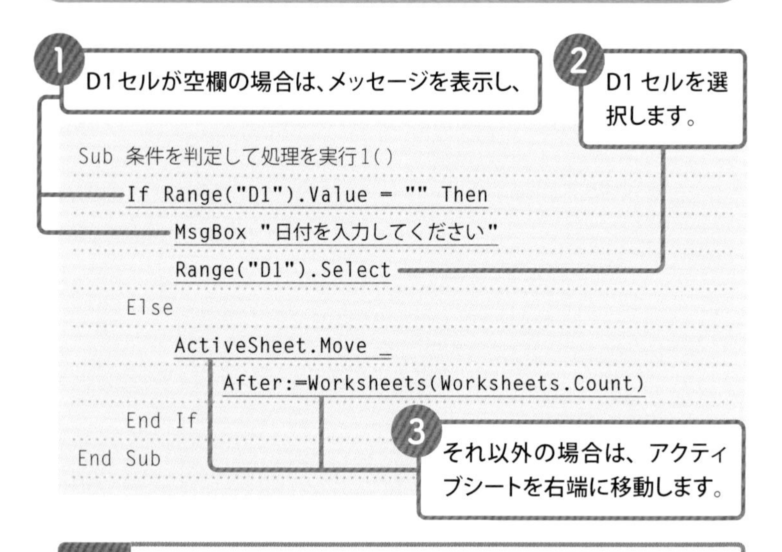

1 D1セルが空欄の場合は、メッセージを表示し、
2 D1セルを選択します。
3 それ以外の場合は、アクティブシートを右端に移動します。


```
Sub 条件を判定して処理を実行1()
    If Range("D1").Value = "" Then
        MsgBox "日付を入力してください"
        Range("D1").Select
    Else
        ActiveSheet.Move _
            After:=Worksheets(Worksheets.Count)
    End If
End Sub
```

書式 If...Then ステートメント

If 条件式 Then
　　処理内容
End If

解説 Ifのあとに「True（はい）」または「False（いいえ）」で答えられる条件式を指定します。条件に一致したとき、「処理内容」に書いた内容が実行されます。

実行例

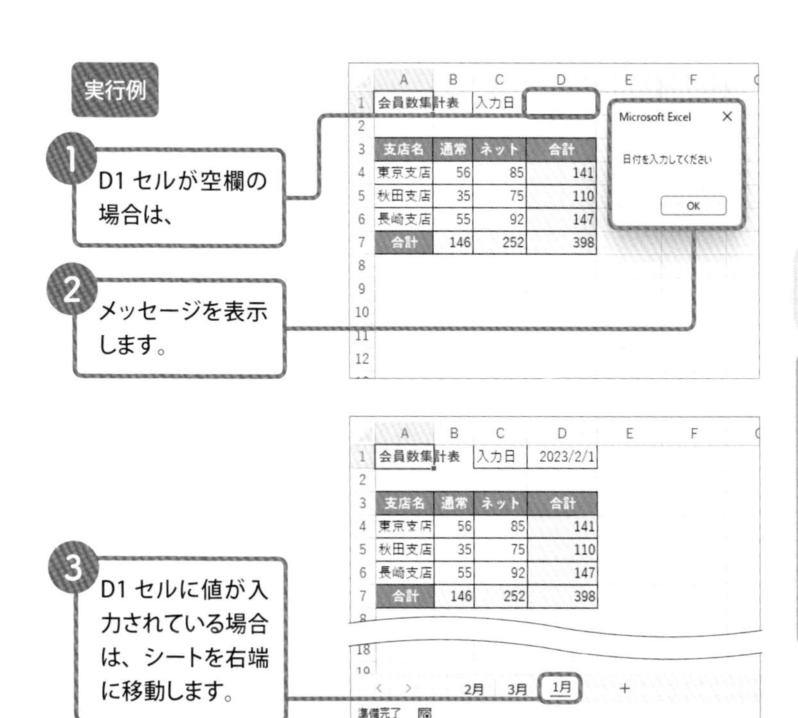
1
D1 セルが空欄の場合は、
2
メッセージを表示します。
会員数集計表
入力日
支店名
通常
ネット
合計
東京支店
秋田支店
長崎支店
Microsoft Excel
日付を入力してください
OK

	A	B	C	D
1	会員数集計表		入力日	2023/2/1
2				
3	支店名	通常	ネット	合計
4	東京支店	56	85	141
5	秋田支店	35	75	110
6	長崎支店	55	92	147
7	合計	146	252	398

2月　3月　1月　＋

準備完了

3 D1 セルに値が入力されている場合は、シートを右端に移動します。

If...Then...Else ステートメント

```
If 条件式 Then
        処理内容 A
Else
        処理内容 B
End If
```

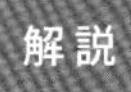

If のあとに「True（はい）」または「False（いいえ）」で答えられる条件式を指定します。条件に一致した場合「処理内容 A」、条件に一致しなかった場合は「処理内容 B」を実行します。If ステートメントで、条件に応じた処理内容が短いときは、「If 条件式 Then 処理内容」「If 条件式 Then 処理内容 A Else 処理内容 B」のように 1 行で書くこともできます。

2 いくつかの条件に応じて実行する処理を分岐しよう

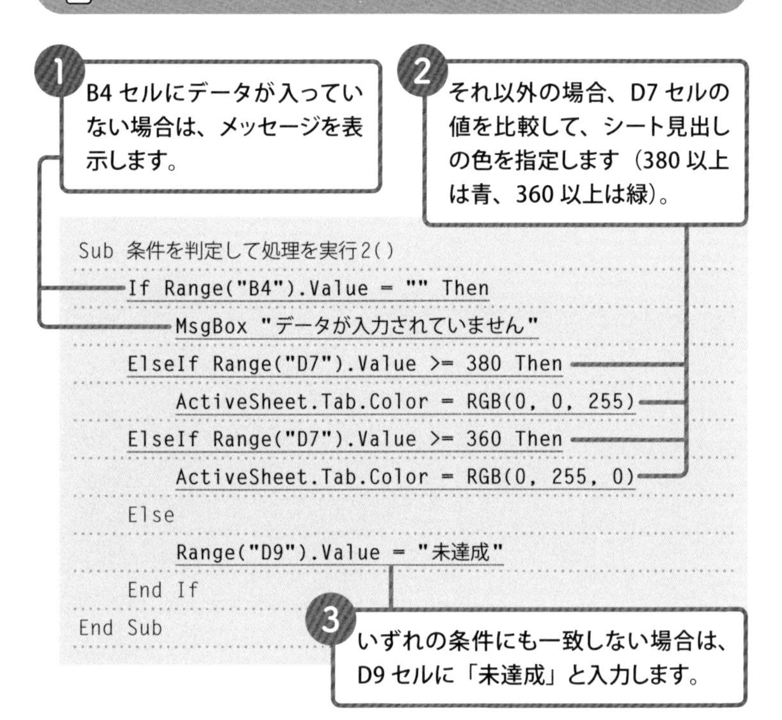

1 B4 セルにデータが入っていない場合は、メッセージを表示します。
2 それ以外の場合、D7 セルの値を比較して、シート見出しの色を指定します（380 以上は青、360 以上は緑）。
3 いずれの条件にも一致しない場合は、D9 セルに「未達成」と入力します。


```
Sub 条件を判定して処理を実行2()
    If Range("B4").Value = "" Then
        MsgBox "データが入力されていません"
    ElseIf Range("D7").Value >= 380 Then
        ActiveSheet.Tab.Color = RGB(0, 0, 255)
    ElseIf Range("D7").Value >= 360 Then
        ActiveSheet.Tab.Color = RGB(0, 255, 0)
    Else
        Range("D9").Value = "未達成"
    End If
End Sub
```

実行例

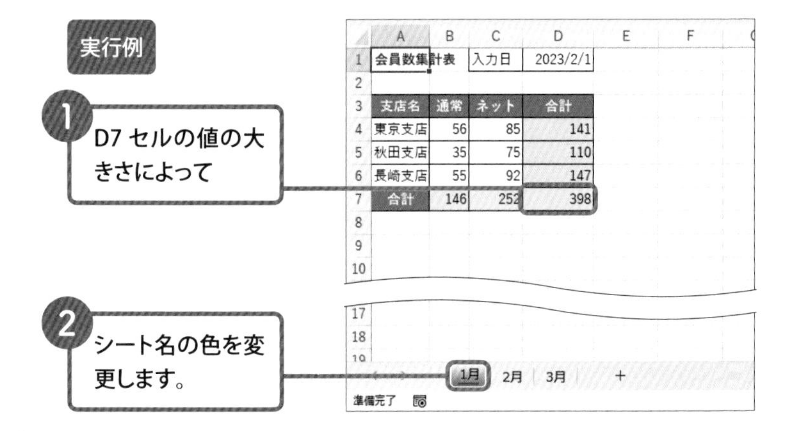

1 D7 セルの値の大きさによって
2 シート名の色を変更します。
会員数集計表
入力日
2023/2/1
支店名
通常
ネット
合計
東京支店 56 85 141
秋田支店 35 75 110
長崎支店 55 92 147
合計 146 252 398
1月
2月
3月
準備完了

書式

If...Then...ElseIf ステートメント

```
If 条件式 A Then
        処理内容 A
ElseIf 条件式 B Then
        処理内容 B
ElseIf 条件式 C Then
        処理内容 C
・
・
・
Else
        処理内容 X
End If
```

解説

If のあとに、最初に判定する「条件式 A」を指定します。この条件に合う場合は「処理内容 A」を実行します。「条件式 A」に合わない場合は、次の条件「条件式 B」を判定し、合う場合は「処理内容 B」を実行します。以降、順に条件を判定し、どの条件にも合わない場合は「Else」のあとの「処理内容 X」を実行します。

Memo

条件の書き方について

条件式は、True または False で判定できるようにします。次のような比較演算子などを使用して指定します。たとえば、A1 セルの値を判定するには、「Range("A1").Value=1」のように演算子の左と右の値を比較します。A1 セルの値が 1 のときは True、そうでないときは False を返します。

演算子	内容
=	等しい
>	より大きい
>=	以上
<	より小さい
<=	以下
<>	等しくない

Section 55

複数の条件を指定して処理を分岐させよう

Select Case ステートメントを使うと、複数の条件に応じた処理をすっきりと書くことができます。Select Case のあとに、指定した条件と比較する対象を指定します。

1 複数の条件を指定しよう

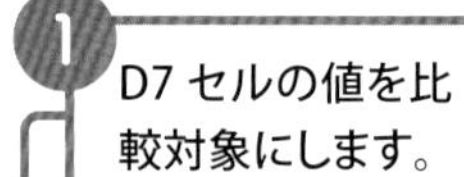
1
D7 セルの値を比較対象にします。

2 D7 セルの値によって、シートの見出しの色を変更します（380 以上は青、360 以上は緑）。

```
Sub 条件を判定して処理を分岐()
    Select Case Range("D7").Value
        Case Is >= 380
            ActiveSheet.Tab.Color = RGB(0, 0, 255)
        Case Is >= 360
            ActiveSheet.Tab.Color = RGB(0, 255, 0)
        Case Else
            Range("D9").Value = "未達成"
    End Select
End Sub
```

3 いずれの条件にも一致しない場合は、D9 セルに「未達成」と入力します。

実行例

	A	B	C	D	E	F
1	会員数集計表		入力日			
2						
3	支店名	通常	ネット	合計		
4	東京支店	52	76	128		
5	秋田支店	33	71	104		
6	長崎支店	51	82	133		
7	合計	136	229	365		

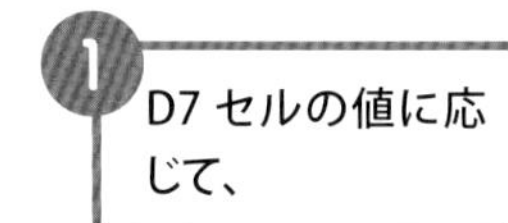
1
D7 セルの値に応じて、

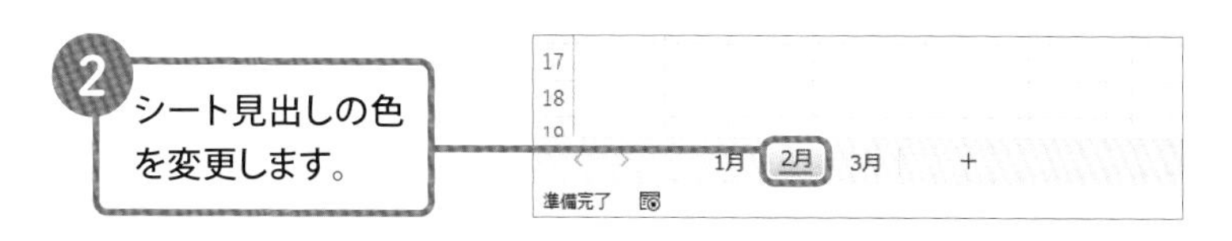

2
シート見出しの色を変更します。
17
18
1月
2月
3月
準備完了

書式

Select Case ステートメント

```
Select Case 条件の比較対象
        Case 条件式 A
                処理内容 A
        Case 条件式 B
                処理内容 B
        ・
        ・
        ・
        Case Else
                処理内容 X
End Select
```

解説 Select Case のあとに、条件判断に使う比較対象を書きます。その対象と Case のあとの条件が一致するかによって処理を分岐します。「条件式 A」に合う場合は、「処理内容 A」を実行し、合わない場合は次の条件を判定していきます。いずれの条件にも合わない場合は、「処理内容 X」を実行します。

Hint

条件の範囲を指定する

Case ステートメントのあとに条件を指定するときは、特定の値以外にも、値の範囲や複数の値を指定することもできます。

例	内容
Case " 合計 "	条件の対象が「合計」の場合
Case 10,15,20	条件の対象が 10 か 15 か 20 の場合。
Case 10 To 15	条件の対象が 10 以上で 15 以下の場合。
Case Is >=10	条件の対象が 10 以上の場合

Section 56

繰り返しの処理の考え方を理解しよう

何度も同じ処理を繰り返して実行したいとき、長々と同じ内容を何度も書く必要はありません。VBAに用意された繰り返しのための書き方を利用すれば、内容を簡潔にわかりやすく書くことができます。

1 指定した回数だけ処理を繰り返そう

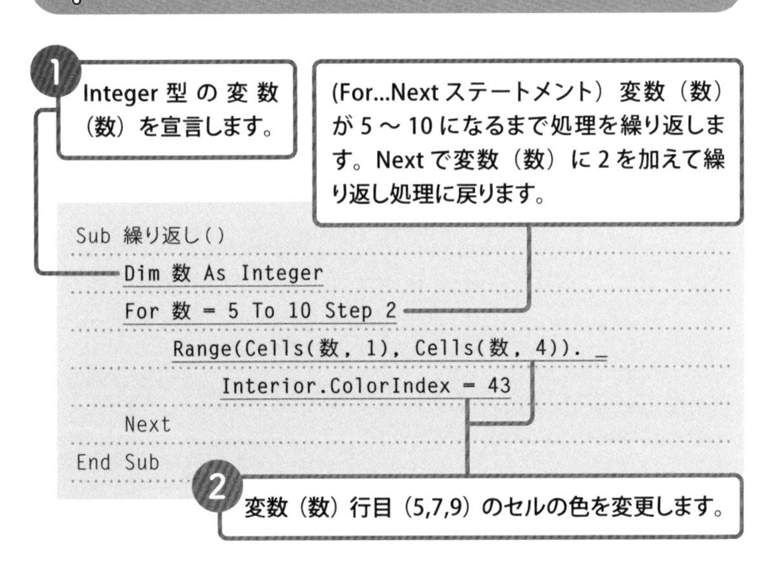

1 Integer型の変数（数）を宣言します。
(For...Next ステートメント) 変数（数）が5～10になるまで処理を繰り返します。Nextで変数（数）に2を加えて繰り返し処理に戻ります。
Sub 繰り返し()
Dim 数 As Integer
For 数 = 5 To 10 Step 2
Range(Cells(数, 1), Cells(数, 4)). _
Interior.ColorIndex = 43
Next
End Sub
2 変数（数）行目（5,7,9）のセルの色を変更します。

書式

For･･･Next ステートメント

Dim カウンタ変数 As データ型

For カウンタ変数 = 初期値 To 最終値 (Step 加算値)

繰り返して実行する内容

Next (カウンタ変数)

解説 For...Next ステートメントでは、繰り返し処理を行う回数を管理するのに変数（カウンタ変数）を利用します。変数を宣言し、変数の初期値といくつまで変数を増やすか最終値を指定します。続いて、繰り返して実行する内容を書きます。最後の Next で変数に加算値が追加されます。Next のあとの変数名は省略できます。

実行例

1 1行おきにセルの色を変更する操作を繰り返します。

2 5行目から10行目までが1行おきにセルの色が変わりました。

	A	B	C	D	E
1	夏ギフト商品一覧				
2					
3	番号	商品名	カテゴリ	価格	
4	A01	焼菓子セット	洋菓子	5,200	
5	A02	ラスクセット	洋菓子	4,800	
6	A03	チョコセット	洋菓子	6,200	
7	B01	煎餅セット	和菓子	5,600	
8	B02	羊羹セット	和菓子	3,200	
9	C01	冷却タオル	日用品	3,800	
10	C02	日傘	日用品	3,600	
11	C03	ハンドタオル	日用品	2,800	
12	C04	クリアボトル	日用品	2,500	
13					

Hint

無限ループの状態を中断する

条件を判定しながら繰り返し処理を実行するとき、条件の指定方法を間違ってしまうと、同じ処理が無限に繰り返される「無限ループ」になってしまうことがあります。無限ループを強制的に中断するには、Esc または、Ctrl + Break（Pause）キーを押します。

Hint

変数の値を確認しながら実行する

繰り返し処理がうまく実行できない場合、1ステップずつ実行してみましょう。実行中、変数が入力されている箇所にマウスポインターを合わせると、変数の値を確認できます。

Section 57

条件を判定しながら処理を繰り返そう

VBAには、条件を判定しながら繰り返し処理を実行する書き方がいくつか用意されています。ここでは、それぞれの方法の機能と使い方について解説します。

1 条件判定しながら繰り返して処理をしよう

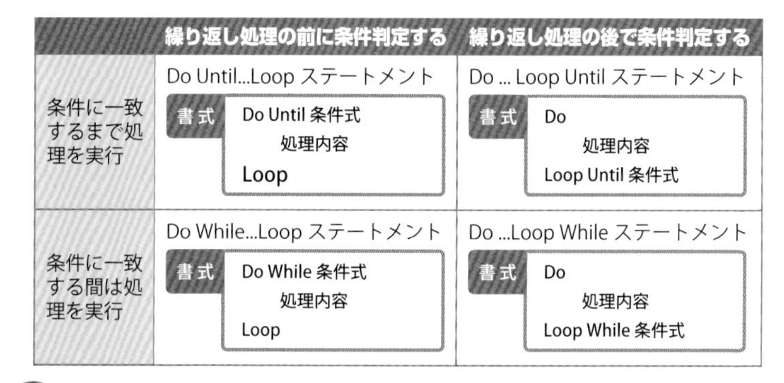

	繰り返し処理の前に条件判定する	繰り返し処理の後で条件判定する
条件に一致するまで処理を実行	Do Until...Loop ステートメント 書式 Do Until 条件式 処理内容 Loop	Do ... Loop Until ステートメント 書式 Do 処理内容 Loop Until 条件式
条件に一致する間は処理を実行	Do While...Loop ステートメント 書式 Do While 条件式 処理内容 Loop	Do ...Loop While ステートメント 書式 Do 処理内容 Loop While 条件式

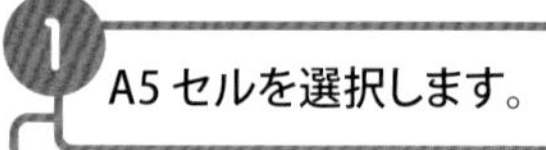
1
A5セルを選択します。

```
Sub 繰り返し処理1()
    Range("A5").Select
    Do Until ActiveCell.Value = ""
        ActiveCell.Resize(, 4). _
            Interior.ColorIndex = 43
        ActiveCell.Offset(2).Select
    Loop
End Sub
```

(Do…Loopステートメント)アクティブセルが空欄になるまで以下の処理を繰り返します。

2 アクティブセルの3つ右までのセルの色を変更します。

3 アクティブセルの2つの下のセルを選択します。

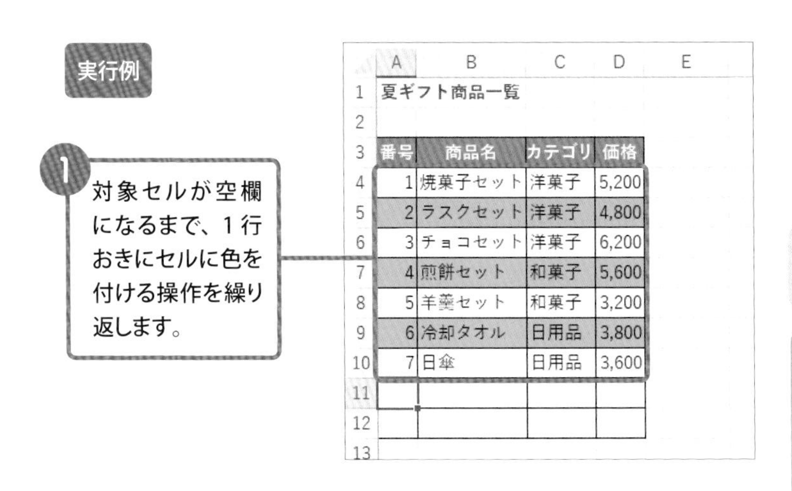
実行例
1
対象セルが空欄になるまで、1行おきにセルに色を付ける操作を繰り返します。
夏ギフト商品一覧
番号
商品名
カテゴリ
価格
1 焼菓子セット 洋菓子 5,200
2 ラスクセット 洋菓子 4,800
3 チョコセット 洋菓子 6,200
4 煎餅セット 和菓子 5,600
5 羊羹セット 和菓子 3,200
6 冷却タオル 日用品 3,800
7 日傘 日用品 3,600

Hint 変数を使って行を挿入する場所を操作する

ここでは、繰り返して実行する処理の様子がわかりやすいようにアクティブセルを移動しながら操作をしていますが、VBAでセルを扱うときは、かならずしもアクティブセルを移動する必要はありません。たとえば、次のように行番号を格納する変数を用意して、セル番地を指定します。余計な操作をしないと処理速度も速くなります。

```
Sub 繰り返し処理2()
    Dim 数 As Long
    数 = 5
    Do Until Cells(数, 1).Value = ""
        Cells(数, 1).Resize(, 4). _
            Interior.ColorIndex = 43
        数 = 数 + 2
    Loop
End Sub
```

Section 58

シートやブックを対象に処理を繰り返そう

For Each...Next ステートメントを利用すると、「ブック内のすべてのシート」や「開いているすべてのブック」に対して同じ処理を繰り返して行うことができます。

1 すべてのシートに対して処理を繰り返そう

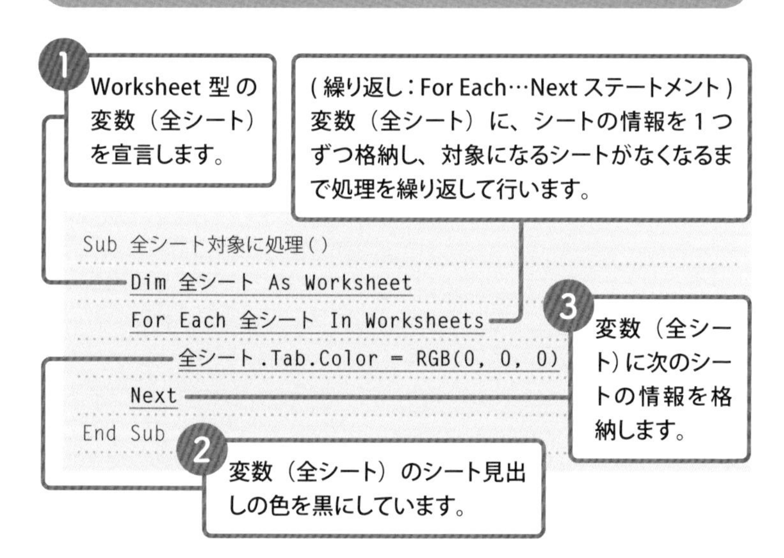

1 Worksheet 型の変数（全シート）を宣言します。
(繰り返し：For Each…Next ステートメント）変数（全シート）に、シートの情報を1つずつ格納し、対象になるシートがなくなるまで処理を繰り返して行います。
3 変数（全シート）に次のシートの情報を格納します。
2 変数（全シート）のシート見出しの色を黒にしています。


```
Sub 全シート対象に処理()
    Dim 全シート As Worksheet
    For Each 全シート In Worksheets
        全シート.Tab.Color = RGB(0, 0, 0)
    Next
End Sub
```

実行例

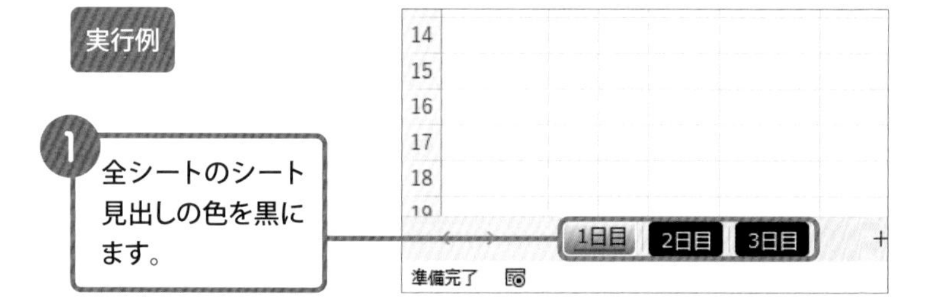

1 全シートのシート見出しの色を黒にます。
14
15
16
17
18
1日目
2日目
3日目
準備完了

書式	For Each...Next ステートメント **Dim オブジェクト変数 As オブジェクトの種類** **For Each オブジェクト変数 In コレクション** **　　　　繰り返して実行する内容** **Next (オブジェクト変数)**
解説	コレクション内の各オブジェクトに対して同じ処理を繰り返して行うことができます。Next の後のオブジェクト変数は、省略することもできます。

2 開いているすべてのブックに対して処理を繰り返そう

For Each...Next ステートメントを利用すると、開いているすべてのブックに対して同じ処理を繰り返して実行できます。たとえば、次の例では、開いているすべてのブックを上書き保存します。

1 Workbook 型の変数（全ブック）を宣言します。

(繰り返し：For Each…NEXT ステートメント)
変数（全ブック）に、ブックの情報を 1 つずつ格納し、対象になるブックがなくなるまで処理を繰り返して行います。

```
Sub 開いているブックを対象に処理()
    Dim 全ブック As Workbook
    For Each 全ブック In Workbooks
        全ブック.Save
    Next
End Sub
```

2 変数（全ブック）を上書き保存します。

3 変数（全ブック）に次のブックの情報を格納します。

Section 59

エラー発生時の処理を指定しておこう

VBAでは、条件分岐などを利用してエラーを避ける工夫ができますが、エラーを避けられないケースもあります。そんなときのために、エラー発生に備えた書き方を紹介します。

1 エラーが発生したときに指定した処理を実行しよう

```
Sub 空白セルの行を表示しない()
    On Error GoTo エラーメッセージ
    Range("A4:A8").SpecialCells _
        (xlCellTypeBlanks).EntireRow.Hidden = True
    Exit Sub

エラーメッセージ:
    MsgBox Err.Description
End Sub
```

1 エラーが発生したときには「エラーメッセージ」の箇所に移動します。

2 A4セル～A8セルに含まれる空白セルの行を非表示にします。

3 マクロを終了します。

エラーが発生したときの処理を以下に書きます。

4 エラーの内容をメッセージ画面に表示します。

Hint

ここで発生するエラーについて

SpecialCellsメソッド（Sec.31参照）は、対象セルがないとエラーになります。ここでは、エラー発生時に、エラー情報を含むErrオブジェクトのDescriptionプロパティでエラーの説明を表示します。

1 このセル範囲内に空白セルがある場合、空白の行を非表示にします。

2 空白セルがない場合でも、エラーにならずにメッセージが表示されます。

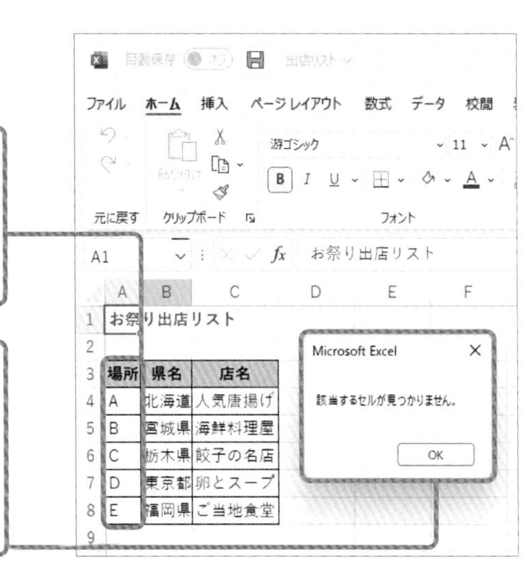

ファイル ホーム 挿入 ページレイアウト 数式 データ 校閲
游ゴシック
11
元に戻す
クリップボード
フォント
A1
お祭り出店リスト
A B C D E F
お祭り出店リスト
場所
県名
店名
A 北海道 人気唐揚げ
B 宮城県 海鮮料理屋
C 栃木県 餃子の名店
D 東京都 卵とスープ
E 福岡県 ご当地食堂
Microsoft Excel
該当するセルが見つかりません。
OK

書式

On Error GOTO ステートメント

```
Sub マクロ名
        On Error GOTO 行ラベル
        処理
        Exit Sub
行ラベル :
        エラーが発生したときに実行する処理
End Sub
```

エラーが発生してもマクロが中断されず、指定した箇所に移動するようにします。そのしくみを有効にする場所に「On Error GoTo 行ラベル」と書きます。これ以降は、エラーが発生した場合、「行ラベル：」の箇所に移動します。また、エラーが発生しなかった場合、エラーが発生したときの処理が実行されないように、「行ラベル：」の前に「Exit Sub」（189ページ参照）と書きます。

Section 60

指定したシートやブックがあるかどうかを調べよう

シートやブックを対象に何かの処理をするとき、対象のシートやブックが存在しない場合はエラーになってしまいます。ここでは、シートやブックがあるかどうかを調べる方法を紹介します。

1 指定したシートがあるかどうかを調べよう

1 String型の変数（探すシート）を宣言します。

2 Worksheet型の変数（全シート）を宣言します。

（繰り返し：For Each…Nextステートメント）変数（全シート）にシートの情報を1つずつ格納し、対象になるシートがなくなるまで以下の処理を繰り返して行います。

```
Sub シートの検索()
    Dim 探すシート As String
    Dim 全シート As Worksheet
    探すシート = Range("B1").Value
    For Each 全シート In Worksheets
        If 全シート.Name = 探すシート Then
            Worksheets(探すシート). _
                Tab.Color = RGB(255, 0, 0)
            Exit Sub
        End If
    Next
    MsgBox 探すシート & "シートはありません"
End Sub
```

（Ifステートメント）変数（全シート）のシート名が変数（探すシート）と同じ場合はシート見出しの色を赤にし、マクロを終了します。

3 変数(探すシート)にB1セルの内容を格納します。

4 変数（探すシート）が見つからなかった場合は、メッセージを表示します。

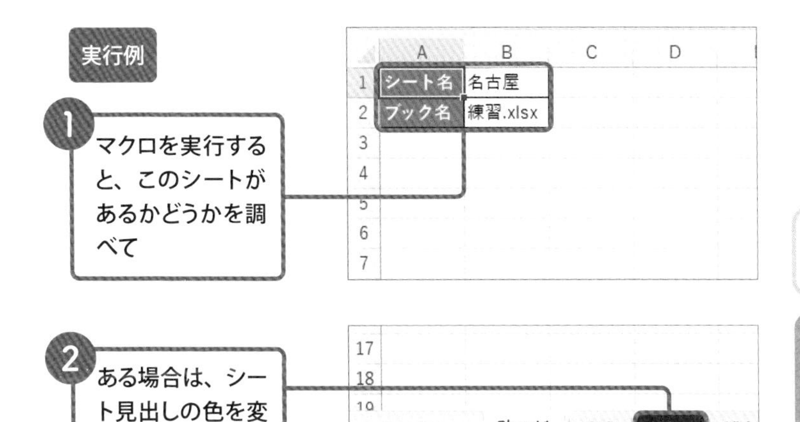
実行例
1
マクロを実行すると、このシートがあるかどうかを調べて
シート名
名古屋
ブック名
練習.xlsx
2
ある場合は、シート見出しの色を変更します。
Sheet1
東京
名古屋
博多
準備完了

Stepup 処理の途中でマクロを終了するには

Exit Sub ステートメントを使うと、Exit Sub ステートメントを書いたSub プロシージャを抜けるので、マクロの実行を途中で終了させられます。ここでは、指定したシートがあるかを調べて、指定したシートが見つかって処理を行ったあとは、マクロを途中で終了しています。

Stepup 繰り返し処理から抜ける

繰り返し処理の途中で、指定した条件に一致した場合、それ以降の処理を行う必要がない場合には、途中で繰り返し処理から抜けることもできます。たとえば、For...Next ステートメントを途中で抜けるには、Exit For ステートメントを使う方法があります。Do...Loop ステートメントを途中で抜けるには、Exit Do ステートメントを使う方法があります。

2 指定したブックが開いているかどうかを調べよう

❶ String型の変数（探すブック）を宣言します。

❷ Workbook型の変数（全ブック）を宣言します。

（繰り返し：For Each…Next ステートメント）
変数（全ブック）にブックの情報を1つずつ格納し、対象になるブックがなくなるまで以下の処理を繰り返して行います。

```
Sub ブックの検索()
    Dim 探すブック As String
    Dim 全ブック As Workbook
    探すブック = Range("B2").Value
    For Each 全ブック In Workbooks
        If 全ブック.Name = 探すブック Then
            Workbooks(探すブック).Close
            Exit Sub
        End If
    Next
    MsgBox 探すブック & "ブックは開いていません"
End Sub
```

（If ステートメント）
変数（全ブック）の名前が変数（探すブック）と同じ場合は、ブックを閉じ、マクロを終了します。

❸ 変数（探すブック）にB2セルの内容を格納します。

❹ 変数（探すブック）が見つからなかった場合は、メッセージを表示します。

実行例
1
マクロを実行すると、このブックが開いているかどうか確認し、
2
ブックが開いている場合は、
3
ブックを閉じます。
シート名
名古屋
ブック名
練習.xlsx

Stepup 処理の途中でマクロを終了するには

Exit Sub ステートメントを使うと、Exit Sub ステートメントを書いたSub プロシージャを抜けるので、マクロの実行を途中で終了させられます。ここでは、指定したブックがあるかを調べて、指定したブックが見つかって処理を行ったあとは、マクロを途中で終了しています。

Section 61

フォルダー内のブックを対象に処理を実行しよう

指定したフォルダー内のブックに対して同じ処理を行う方法を紹介します。Dir 関数を使ってフォルダー内のブックを探しながら処理を行います。

1 フォルダー内のブックに同じ処理を行おう

```
Sub フォルダー内のブックを対象に実行()
    Dim フォルダー名 As String
    Dim ブック名 As String
    フォルダー名 = ThisWorkbook.Path & "¥"
    ブック名 = Dir(フォルダー名 & "*.xlsx")
    Do While ブック名 <> ""
        MsgBox ブック名
        ブック名 = Dir()
    Loop
End Sub
```

1 String 型の変数（フォルダー名）を宣言します。

2 String 型の変数（ブック名）を宣言します。

3 変数（フォルダー名）にこのマクロが書かれているフォルダーのパス名を格納します。

4 変数（フォルダー名）内の「.xlsx ファイル」を探した結果を変数（ブック名）に格納します。

(繰り返し：Do…Loop ステートメント)
変数（ブック名）が空でない間は以下の処理を繰り返します。

5 メッセージに変数（ブック名）の内容を表示します。

6 次のブックを探します。

実行例

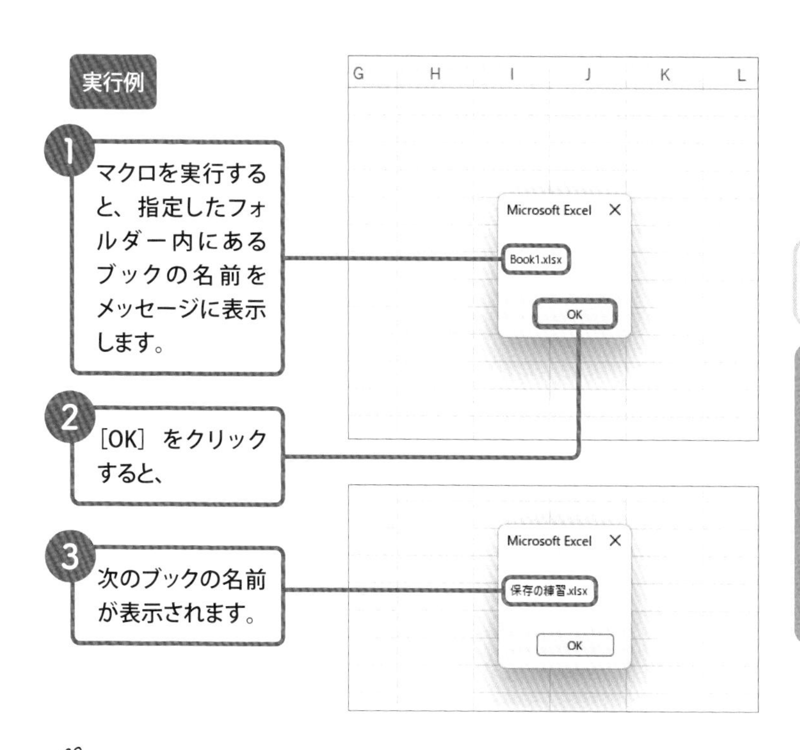

G
H
I
J
K
L
1
マクロを実行すると、指定したフォルダー内にあるブックの名前をメッセージに表示します。
Microsoft Excel
Book1.xlsx
OK
2
[OK] をクリックすると、
3
次のブックの名前が表示されます。
Microsoft Excel
保存の練習.xlsx
OK

Hint Dir 関数

Dir 関数は、引数に指定した内容のファイルやフォルダーを探す関数です。一度ファイルを検索したあと、同じ条件で繰り返して探す場合は、引数を指定せずに「Dir()」のように書きます。一致するファイル名がない場合は、長さ 0 の文字列を返します。なお、Dir 関数で、ファイル名を省略すると、指定したフォルダー、または、カレントフォルダーの最初のファイルが返ります。そのため、ファイル名を省略すると思うような結果にならないこともあるので注意します。

Dir([Pathname],[Attributes])

Pathname：検索するファイル名やフォルダー名を指定。

Attributes：ファイルの属性を指定。詳細についてはヘルプを参照して下さい。

Section 62

複数シートの表を1つにまとめよう

ここでは、複数シートに分かれて入力されているリストを、別のシートにあるリストにまとめます。指定したシート以外のリストをコピーして貼り付ける操作を繰り返します。

1 複数のリストを1つにまとめよう

Worksheet 型の変数（全シート）を宣言します。

(繰り返し：For Each…Next ステートメント) 変数（全シート）にシートの情報を1つずつ格納し、対象になるシートがなくなるまで以下の処理を繰り返して行います。

```
Sub データ転記()
    Dim 全シート As Worksheet
    For Each 全シート In Worksheets
        With 全シート
            If .Name <> "一覧" Then
                .Range(.Cells(4, 1), .Cells(Rows.Count, 1) _
                    .End(xlUp).Offset(, 3)).Copy Worksheets("一覧") _
                        .Cells(Rows.Count, 1).End(xlUp).Offset(1)
            End If
        End With
    Next
End Sub
```

(With ステートメント)
変数（全シート）のシートに関する処理をまとめて書きます。

(If ステートメント)
変数（全シート）の名前が「一覧」以外の場合は、変数（全シート）の A4 セル～ A 列のリストの最終行のセルから 3 つ右のセル範囲までをコピーし、「一覧」シートのリストに追加します。

Hint 元のリストについて

ここでは、下の様な複数のシートにわかれたリストを「一覧」シート（次ページ参照）にまとめる処理を書きます。各シートに入力されているデータの件数は、シートによって異なるものとします。「一覧」シート以外のシートに対して、リストのデータを「一覧」シートに貼り付ける処理を繰り返して行います。

実行例

1 マクロを実行すると、

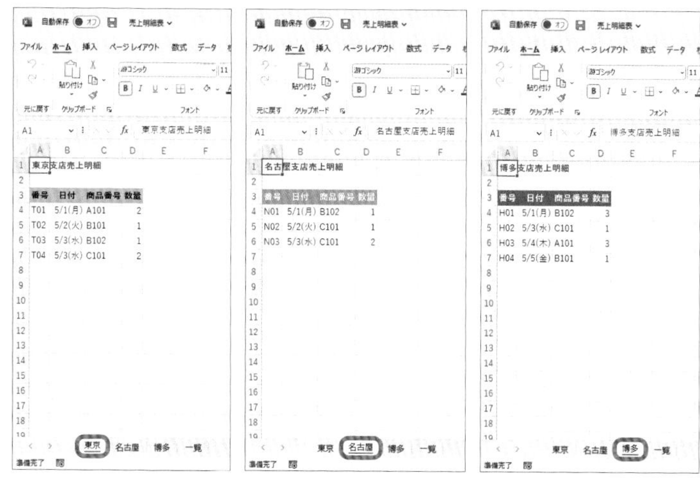
東京支店売上明細
番号 日付 商品番号 数量
T01 5/1(月) A101 2
T02 5/2(火) B101 1
T03 5/3(水) B102 1
T04 5/3(水) C101 2
東京 名古屋 博多 一覧
名古屋支店売上明細
番号 日付 商品番号 数量
N01 5/1(月) B102 1
N02 5/2(火) C101 1
N03 5/3(水) C101 2
東京 名古屋 博多 一覧
博多支店売上明細
番号 日付 商品番号 数量
H01 5/1(月) B102 3
H02 5/3(水) C101 1
H03 5/4(木) A101 3
H04 5/5(金) B101 1
東京 名古屋 博多 一覧

2 各支店に入力されているリストを、

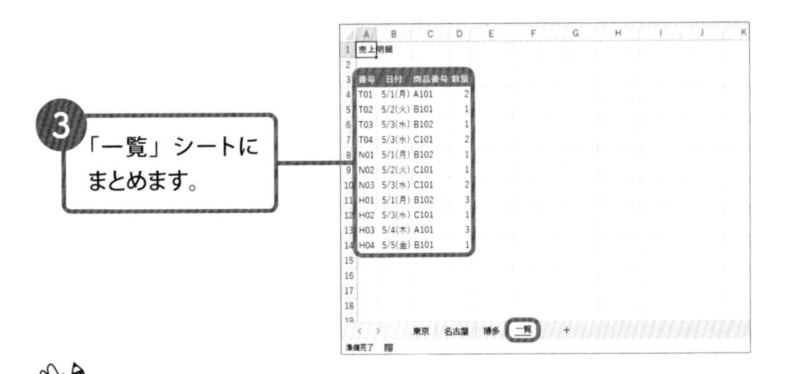
3
「一覧」シートにまとめます。
売上明細
番号 日付 商品番号 数量
T01 5/1(月) A101 2
T02 5/2(火) B101 1
T03 5/3(水) B102 1
T04 5/3(水) C101 2
N01 5/1(月) B102 1
N02 5/2(火) C101 1
N03 5/3(水) C101 2
H01 5/1(月) B102 3
H02 5/3(水) C101 1
H03 5/4(木) A101 3
H04 5/5(金) B101 1
東京 名古屋 博多 一覧
準備完了

Memo

非表示シートについて

シートに対する処理を行う場合、非表示になっているシートがある場合などは、注意が必要です。必要に応じて対処します。なお、非表示のシートをすべて表示するには、次のように指定する方法があります（157ページ参照）。

```
Sub 非表示シートの表示()
    Dim 全シート As Worksheet
    For Each 全シート In Worksheets
        全シート.Visible = True
    Next
End Sub
```

Hint

4行目以降を削除する

データの貼り付け操作をする前に、「一覧」シートの既存のデータを削除するには、Rowsプロパティを使用し、4行目から「一覧」シートの最終行までを指定して削除する方法があります。たとえば、データを貼り付ける前に次のような内容を記述します。

「Worksheets("一覧").Rows("4:" & Rows.Count).Clear」

Chapter

知っておきたい便利技

Section

Section 63
操作に応じて処理を実行しよう

マクロの内容を決められた場所に書くと、「シートを選択したとき」「ブックを開いたとき」などのタイミングでマクロを実行できます。ここでは、自動的に実行するマクロを作成してみましょう。

1 イベントって何？

VBA では、いくつかのタイミングによってプログラムを自動的に実行できます。このタイミングのことを「イベント」といいます。また、イベントが発生したときに実行する処理を「イベントプロシージャ」といいます。

イベントの種類

ワークシートを扱う中で発生するイベント例。

イベント	タイミング
Activate	ワークシートがアクティブになったとき
BeforeDoubleClick	ワークシートをダブルクリックしたとき
Change	ワークシートのセルの値が変更されたとき

ブックを扱う中で発生するイベント例。

イベント	タイミング
Activate	ブックがアクティブになったとき
Open	ブックを開いたとき
BeforeClose	ブックを閉じる前
BeforeSave	ブックを保存する前

イベントプロシージャを記述する場所

イベントを利用してマクロを実行するには、「Microsoft Excel Objects」のモジュールに内容を書きます。ブックに関する内容は「ThisWorkbook」のモジュール、シートに関する内容は、それぞれのシートのモジュールに入力します。次の操作をすると、「オブジェクト _ イベント名」と言う名前のイベントプロシージャが作成されます。不要なイベントプロシージャが作成された場合は、削除しても構いません。

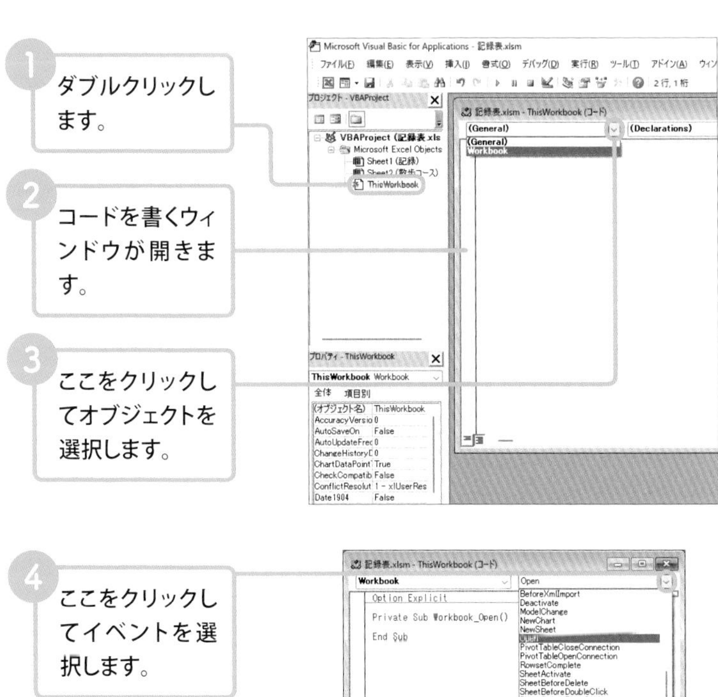
1 ダブルクリックします。
2 コードを書くウィンドウが開きます。
3 ここをクリックしてオブジェクトを選択します。
4 ここをクリックしてイベントを選択します。
Microsoft Visual Basic for Applications - 記録表.xlsm
記録表.xlsm - ThisWorkbook (コード)
(General)
(Declarations)
Workbook
Open
Option Explicit
Private Sub Workbook_Open()
End Sub

2 シートを選択したときに処理を行おう

ここでは、「記録」シートが選択されたときに実行する内容を書きます。マクロの作成後は、「記録」シートを選択してマクロの実行を確認してみましょう。

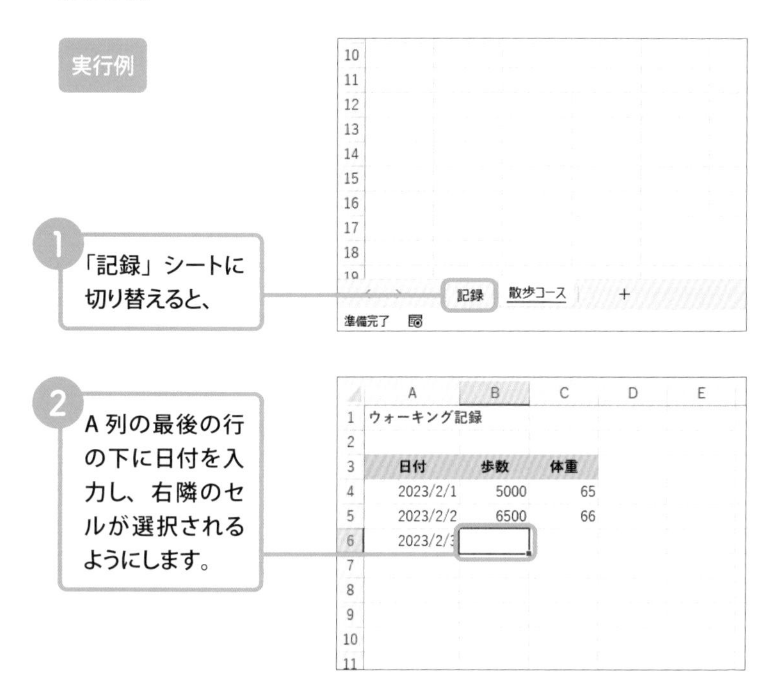

実行例
1 「記録」シートに切り替えると、
記録
散歩コース
準備完了
2 A 列の最後の行の下に日付を入力し、右隣のセルが選択されるようにします。
ウォーキング記録
日付
歩数
体重
2023/2/1
5000
65
2023/2/2
6500
66
2023/2/3

Hint イベントプロシージャの名前

イベントプロシージャの名前は、「オブジェクト _ イベント名」になります。オブジェクトやイベントを選択すると、自動的にそのプロシージャが作成されるので、その中に処理内容を書きます。

イベントプロシージャの作成手順

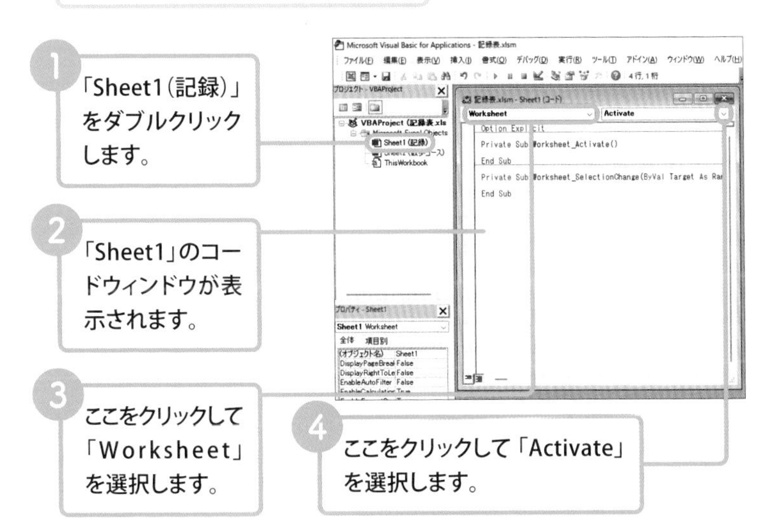
1
「Sheet1(記録)」をダブルクリックします。
2
「Sheet1」のコードウィンドウが表示されます。
3
ここをクリックして「Worksheet」を選択します。
4
ここをクリックして「Activate」を選択します。
Microsoft Visual Basic for Applications - 記録表.xlsm
Worksheet
Activate
Option Explicit
Private Sub Worksheet_Activate()
End Sub
End Sub

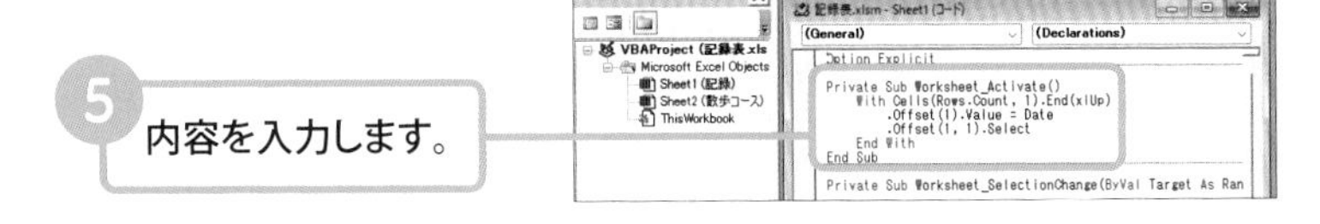
5
内容を入力します。
(General)
(Declarations)
Option Explicit

(With ステートメント)
A 列の最終行のセルから上方向に向かってデータが入力されているセルを探し、そのセルに関する処理をまとめて書きます。

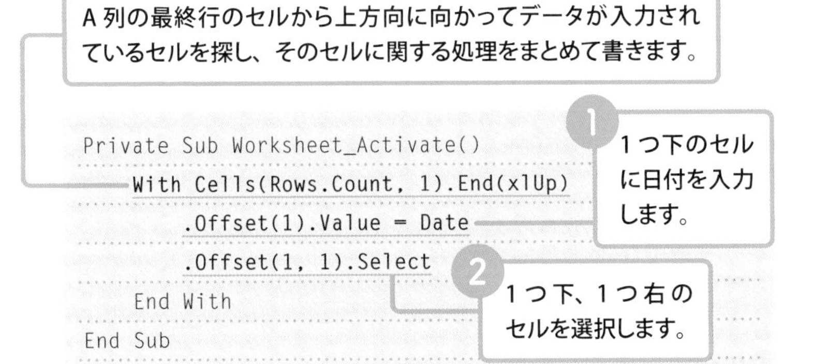

```
Private Sub Worksheet_Activate()
    With Cells(Rows.Count, 1).End(xlUp)
        .Offset(1).Value = Date
        .Offset(1, 1).Select
    End With
End Sub
```

1
1つ下のセルに日付を入力します。
2
1つ下、1つ右のセルを選択します。

Chapter 8 知っておきたい便利技

3 ブックを開いたときに処理を実行しよう

ここでは、「記録表」ブックを開いたときに実行する内容を書きます。マクロを作成後は、「記録表」ブックを保存して、ブックを再度開いて、マクロの実行を確認してみましょう。

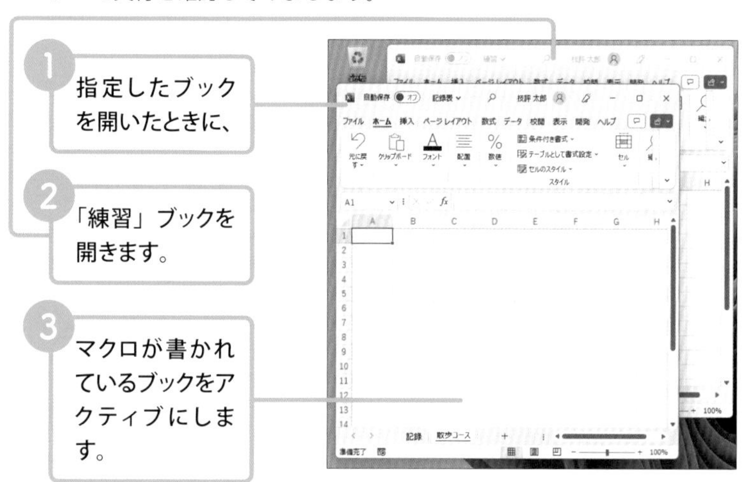

1 指定したブックを開いたときに、
2 「練習」ブックを開きます。
3 マクロが書かれているブックをアクティブにします。

Hint

既定のイベントについて

コードウィンドウの［オブジェクトボックス］でオブジェクトを選択すると、既定のイベントのイベントプロシージャを書く欄が自動的に表示されます。すでにイベントプロシージャが書かれている場合は、［オブジェクトボックス］でオブジェクトを選択しても、既定のイベントのイベントプロシージャは表示されません。目的のイベントプロシージャを作成するには、前のページの手順４のようにイベントを選択します。

イベントプロシージャの作成手順

1 「ThisWorkbook」をダブルクリックします。

2 ThisWorkbookのコードウィンドウが表示されます。

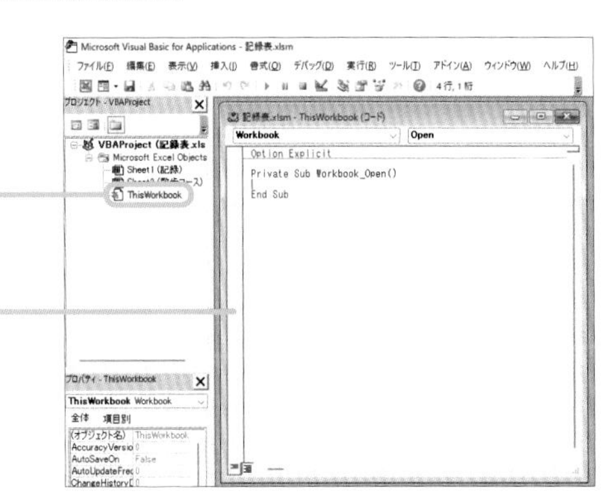

Microsoft Visual Basic for Applications - 記録表.xlsm
ThisWorkbook
Workbook
Open
Option Explicit
Private Sub Workbook_Open()
End Sub

3 ここをクリックして、「Workbook」を選択します。

4 ここをクリックして「Open」を選択します。

Microsoft Visual Basic for Applications - 記録表.xlsm
Workbook
Open
Option Explicit
Private Sub Workbook_Open()
Workbooks.Open _
Filename:=ThisWorkbook.Path & "¥練習.xlsx"
ThisWorkbook.Activate
End Sub

5 内容を入力します。

1 このマクロが書かれているブックと同じ場所にある「練習」ブックを開きます。

```
Private Sub Workbook_Open()
    Workbooks.Open _
        Filename:=ThisWorkbook.Path & "¥練習.xlsx"
    ThisWorkbook.Activate
End Sub
```

2 このマクロが書かれているブックをアクティブにします。

Chapter 8 知っておきたい便利技

Section 64

データ入力用画面を表示しよう

マクロを利用する人にメッセージなどを入力してもらい、その内容を受けて処理を行うことができます。ここでは、InputBox 関数を利用して実現します。

1 文字列を入力する画面を表示しよう

実行例

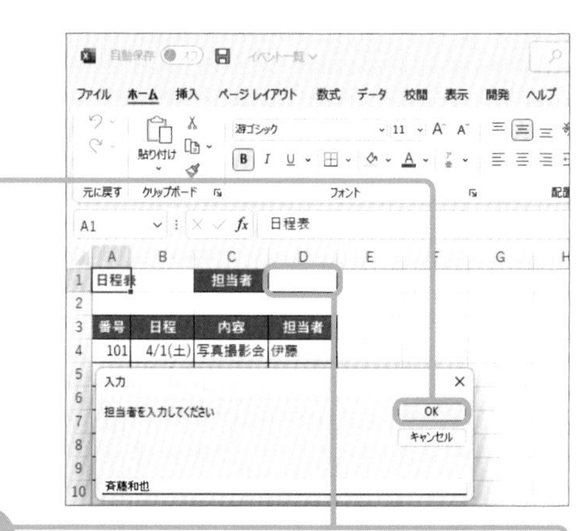

ファイル
ホーム
挿入
ページレイアウト
数式
データ
校閲
表示
開発
ヘルプ
貼り付け
元に戻す
クリップボード
フォント
A1
日程表
担当者
番号
日程
内容
101
4/1(土)
写真撮影会
伊藤
入力
担当者を入力してください
OK
キャンセル
斉藤和也

1 文字を入力できる画面を表示します。文字を入力し、[OK] をクリックすると、

2 入力された文字を受けて、処理を実行します（ここでは、D1 セルに文字が入力されます）。

Stepup

文字以外のデータを受け取る

入力画面を表示するには、Application オブジェクトの InputBox メソッドを使う方法もあります。その場合、文字以外に数値やセル範囲などの情報も扱えます。ここで紹介した例では、入力画面で［キャンセル］をクリックすると、D1 セルが空欄になりますが、InputBox メソッドでは、［キャンセル］された場合の処理も指定できます。

1 String 型の変数（担当）を宣言します。

2 文字を入力する画面を表示し、入力された内容を変数（担当）に格納します。（メッセージには、「担当者を入力してください」と表示します。タイトルバーには、「入力」と表示します。）

```
Sub 担当者名の入力()
    Dim 担当 As String
    担当 = InputBox("担当者を入力してください", "入力")
    Range("D1").Value = 担当
End Sub
```

3 D1 セルに変数（担当）を設定します。

書式

InputBox 関数

InputBox(Prompt,[Title],[Default],[Xpos],[Ypos],[Helpfile],[Context])

解説

［OK］がクリックされると、入力された文字の内容が返ります。［キャンセル］がクリックされたときは、長さ 0 の文字列 ("") が返されます。

引数

Prompt：メッセージの内容を指定します。
Title：メッセージ画面のタイトルバーに表示する内容を指定します。
Default：あらかじめ表示しておく内容を指定します。
Xpos：画面の左からメッセージを表示する場所までの距離を twip 単位で指定します。
Ypos：画面の上からメッセージを表示する場所までの距離を twip 単位で指定します。
Helpfile：ヘルプを表示する場合、ヘルプファイルの名前を指定します。
Context：ヘルプを表示する場合、ヘルプに対応したコンテキスト番号を指定します。

Section 65

メッセージ画面を表示しよう

メッセージボックスを表示するには、MsgBox関数を使います。メッセージの内容のほか、ボタンを表示して、ユーザーがクリックしたボタンに応じた処理を実行することも可能です。

1 メッセージボックスを表示しよう

```
Sub メッセージの表示()
    MsgBox "おはよう" & vbCrLf & "こんにちは", _
        vbInformation, "練習"
End Sub
```

1 メッセージを表示します。[OK]をクリックすると、メッセージが閉じます。

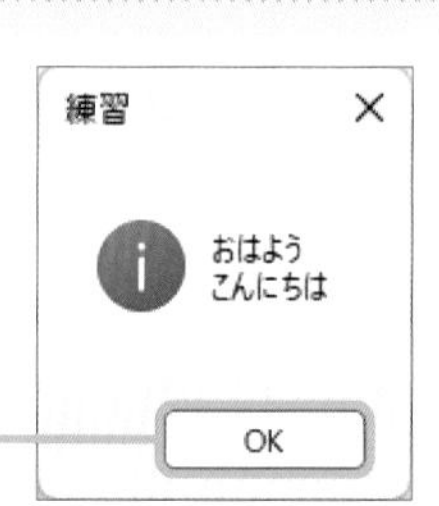
練習
おはよう
こんにちは
OK

Hint

メッセージの途中で改行する

メッセージの途中で改行するには、改行を示す「vbCrLf」を「&」でつなげて書きます。または、引数に指定した文字コードの文字を返すChr関数を使う方法もあります。「vbCrLf」は、「Chr(13)+Chr(10)」を意味します。

書式	MsgBox 関数 **MsgBox (Prompt,[Buttons],[Title],[Helpfile],[Context])**

解説	MsgBox 関数でメッセージを表示します。引数でメッセージの内容や、表示するボタンの種類などを指定します

引数	Prompt：メッセージの内容を指定します。 Buttons：表示するボタンの種類や、表示するアイコンなどを指定します。 Title：メッセージ画面のタイトルバーに表示する内容を指定します。 Helpfile：ヘルプを表示する場合、ヘルプファイルの名前を指定します。 Context：ヘルプを表示する場合、ヘルプに対応したコンテキスト番号を指定します。

引数 Buttons の指定方法は、以下や次ページの表を参照してください。たとえば、警告メッセージアイコン、[OK]、[キャンセル] を表示し、第 2 ボタンを標準ボタンにするには、「vbCritical+vbOKCancel+vbDefaultButton2」と指定します。または、それぞれの番号を使い、16、1、256 を足し算した「273」と指定します。

表示するアイコン

設定値	番号	内容
vbCritical	16	警告メッセージアイコン ⊗ を表示する
vbQuestion	32	問い合わせメッセージアイコン ? を表示する
vbExclamation	48	注意メッセージアイコン ⚠ を表示する
vbInformation	64	情報メッセージアイコン ⓘ を表示する

表示するボタン

設定値	番号	内容
vbOKOnly	0	[OK] だけを表示する OK
vbOKCancel	1	[OK] と [キャンセル] を表示する OK キャンセル
vbAbortRetryIgnore	2	[中止] [再試行] [無視] を表示する 中止(A) 再試行(R) 無視(I)
vbYesNoCancel	3	[はい] [いいえ] [キャンセル] を表示する はい(Y) いいえ(N) キャンセル
vbYesNo	4	[はい] [いいえ] を表示する はい(Y) いいえ(N)
vbRetryCancel	5	[再試行] [キャンセル] を表示する 再試行(R) キャンセル

標準ボタンの設定

標準ボタンとは、メッセージ画面を表示したときに最初に選択されているボタンのことです。ボタンの周りが太線で囲まれます。選択されているボタンは、Enter キーで押すこともできます。

設定値	番号	内容
vbDefaultButton1	0	第１ボタンを標準ボタンにする はい(Y) いいえ(N) キャンセル
vbDefaultButton2	256	第２ボタンを標準ボタンにする はい(Y) いいえ(N) キャンセル
vbDefaultButton3	512	第３ボタンを標準ボタンにする はい(Y) いいえ(N) キャンセル

2 「はい」「いいえ」のボタンを表示して選択できるようにしよう

実行例

1 メッセージを表示して、処理を実行するか選択できるようにします。

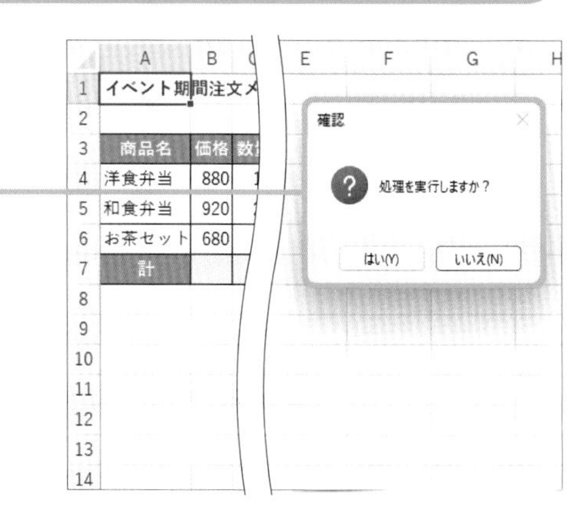

A
B
E
F
G
H
イベント期間注文メ
商品名
価格
洋食弁当
880
和食弁当
920
お茶セット
680
計
確認
処理を実行しますか？
はい(Y)
いいえ(N)

2 ［はい］の場合は、アクティブシートをコピーして、カレントフォルダーに保存します。ファイル名は、日付と時間を取得して指定します。保存後メッセージを表示します。

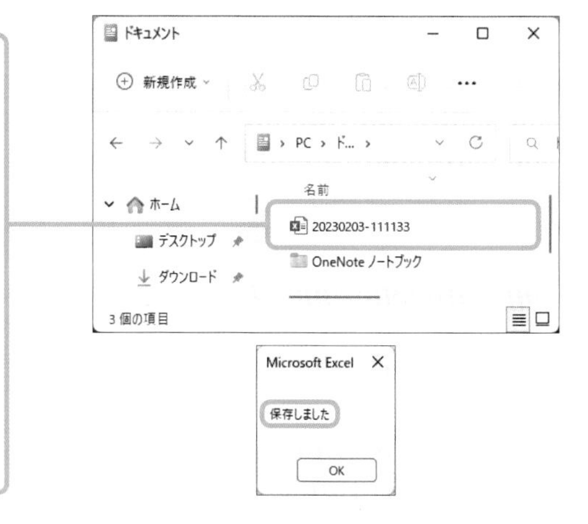

ドキュメント
新規作成
PC
名前
ホーム
デスクトップ
ダウンロード
20230203-111133
OneNote ノートブック
3 個の項目
Microsoft Excel
保存しました
OK

3 ［いいえ］の場合は、何も実行せず、メッセージだけを表示します。

Microsoft Excel

キャンセルしました

OK

```
Sub メッセージを表示して実行()
    Dim 答え As Integer
    答え = MsgBox("処理を実行しますか？", _
        vbYesNo + vbQuestion + vbDefaultButton2, "確認")
    If 答え = vbYes Then
        ActiveSheet.Copy
        With ActiveWorkbook
            .SaveAs Format(Now(), "yyyymmdd-hhmmss") & ".xlsx"
            .Close
        End With
        MsgBox "保存しました"
    Else
        MsgBox "キャンセルしました"
    End If
End Sub
```

1 Integer型の変数(答え) を宣言します。

2 メッセージを表示し、選択されたボタンの情報を変数（答え）に格納します。([はい] [いいえ] ボタンを表示し、2つ目のボタンを標準ボタンにしています。)

3 アクティブシートをコピーします。

(With ステートメント) アクティブブックに関する処理をまとめて書きます。

4 カレントフォルダーにファイルを保存します。ファイル名は、日付と時刻にします。

(If ステートメント) 変数（答え）が「はい」の場合、次の処理を行います。「はい」でない場合、メッセージを表示します。

5 ファイルを閉じます。

Hint

Format 関数について

指定した文字や日付、数値などのデータを、指定した表示形式に変換して返します。表示形式は、定義済みの書式名や表示形式を指定するときに使う書式記号を使って指定します。

書式 Format 関数
Format(データ , 表示形式)

選択されたボタンによって処理を分岐

書式

```
Dim 変数名 As データ型
変数名 =MsgBox(Prompt,Buttons,Title,Helgfile,Context)
If 変数名 = 戻り値 1 Then
        戻り値 1 のときの処理内容
ElseIf 変数名 = 戻り値 2
        戻り値 2 のときの処理内容
・
・
・
End If
```

解説

メッセージ画面でクリックされたボタンに応じて処理を実行します。ボタンの戻り値を利用します。MsgBox 関数を使って求めた結果を使う場合は、関数の引数を括弧で囲って指定します。

ボタンの戻り値

メッセージ画面でボタンがクリックされると、次のような値が返ります。VBA では、この値を利用して、どのボタンがクリックされたかを判断して実行する内容を分けます。

ボタンの種類	戻り値	値
[OK]	vbOK	1
[キャンセル]	vbCancel	2
[中止]	vbAbort	3
[再試行]	vbRetry	4
[無視]	vbIgnore	5
[はい]	vbYes	6
[いいえ]	vbNo	7

Stepup

Select Case ステートメントを使って処理内容を分ける

メッセージ画面で選択されたボタンに応じて実行する内容を分岐するとき、Select Case ステートメントを利用して書く方法もあります。

Section 66

VBAでファイルやフォルダーを扱おう

ファイルやフォルダーを扱う方法を解説します。フォルダーを作成したり、ファイルを削除したりする方法を知りましょう。また、ファイルを開いたり保存したりする画面を表示する方法を紹介します。

1 フォルダーを作成・削除しよう

```
Sub フォルダーの作成()
    MkDir ThisWorkbook.Path & "¥練習"
End Sub
```

1 このマクロが書かれているブックと同じ場所に、「練習」という名前のフォルダーを作成します。

実行例

1 マクロを実行して、新しいフォルダーを作成します。

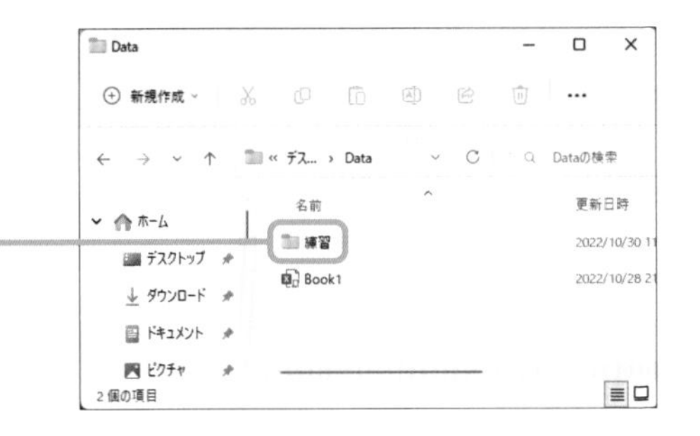

Data
新規作成
« デス... › Data
Dataの検索
名前
更新日時
ホーム
デスクトップ
ダウンロード
ドキュメント
ピクチャ
練習
Book1
2022/10/30 11
2022/10/28 21
2 個の項目

Hint

フォルダーを操作する

フォルダーを作成するには、MkDir ステートメント、削除するには、RmDir ステートメントを使います。いずれも、MkDir や RmDir の後に、フォルダーの場所と名前を指定します。
例：「RmDir ThisWorkbook.Path & "¥ 練習 "」

ファイルを操作する

ファイルを操作するには、次のような方法があります。以下の例は、いずれもマクロが書かれているブックと同じ場所で操作します。

内容	コード例
削除 Kill	**Kill ファイルの場所と名前** 「Kill ThisWorkbook.Path & "¥ ブック 1.xlsx"」 （「ブック 1」ファイルを削除）
コピー FileCopy	**FileCopy ファイル名 , コピー後のファイル名** Sub ファイルのコピー () 　Dim パス名 As String 　パス名 = ThisWorkbook.Path 　FileCopy パス名 & "¥ ブック 1.xlsx", パス名 & "¥ ブック 2.xlsx" End Sub （「ブック 1」ファイルのコピーを「ブック 2」という名前で保存）
名前の変更 Name	**Name ファイル名 As 変更後のファイル名** Sub ファイル名の変更 () 　Dim パス名 As String 　パス名 = ThisWorkbook.Path 　Name パス名 & "¥ ブック 1.xlsx" As パス名 & "¥ テスト .xlsx" End Sub （「ブック 1」という名前のファイルを「テスト」という名前に変更）
移動 Name	**Name ファイル名 As 移動後のファイル名** Sub ファイルの移動 () 　Dim パス名 As String 　パス名 = ThisWorkbook.Path 　Name パス名 & "¥ テスト .xlsx" As パス名 & "¥ 練習 ¥ 資料 .xlsx" End Sub （「テスト」という名前のファイルを「練習」フォルダーに移動して「資料」という名前に変更）

2 ［ファイルを開く］画面を表示しよう

（With ステートメント）
［ファイルを開く］画面に関する処理をまとめて書きます。

1 ファイルの保存先は、マクロが書かれているファイルと同じ場所を表示します。

```
Sub ブックを開く画面を表示()
    With Application.FileDialog(msoFileDialogOpen)
        .InitialFileName = ThisWorkbook.Path & "¥"
        .FilterIndex = 2
        If .Show = -1 Then .Execute
    End With
End Sub
```

2 ファイルの種類は、上から2つ目の項目（すべてのExcelファイル）を選択します。

3 ［ファイルを開く］画面を表示し、［開く］が押されたときは、ファイルを開きます。

Hint Show メソッドを使う

FileDialog オブジェクトの Show メソッドを使い、ダイアログボックスを表示します。ダイアログボックス表示後、［アクション］ボタン（［開く］［保存］など）がクリックされたときは「-1」、［キャンセル］ボタンがクリックされたときは「0」が返ります。また、FileDialog オブジェクトの Execute メソッドを使用すると、ファイルを開く、保存するといった操作を実行します。

実行例

1 マクロを実行すると、

2 ［ファイルを開く］画面を表示します。ファイルを選択し、［開く］をクリックすると、ファイルが開きます。

書式 FileDialog プロパティ

オブジェクト .FileDialog(FileDialogType)

解説 FileDialog オブジェクトを使用して、ダイアログボックスを表示します。FileDialog オブジェクトは、Application オブジェクトの FileDialog プロパティを利用して取得します。

オブジェクト Application オブジェクトを指定します。

引数 FileDialogType：表示するダイアログボックスの種類を指定します。設定値は、以下の表のとおりです。

設定値	内　容
msoFileDialogFilePicker	［参照（ファイルの選択）］ダイアログボックス
msoFileDialogFolderPicker	［参照（フォルダーの選択）］ダイアログボックス
msoFileDialogOpen	［ファイルを開く］ダイアログボックス
msoFileDialogSaveAs	［名前を付けて保存］ダイアログボックス

3［名前を付けて保存］画面を表示しよう

（With ステートメント）
［名前を付けて保存］画面に関する処理をまとめて書きます。

1 ファイルの保存先は、マクロが書かれているファイルと同じ場所、ファイル名は「集計」と表示します。

```
Sub 名前を付けて保存画面を表示()
    With Application.FileDialog(msoFileDialogSaveAs)
        .InitialFileName = ThisWorkbook.Path & "¥集計"
        .FilterIndex = 2
        If .Show = -1 Then .Execute
    End With
End Sub
```

2 ファイルの種類は、上から2つ目の項目（Excel マクロ有効ブック）を選択します。

3［名前を付けて保存］画面を表示し、［保存］が押されたときは、ファイルを保存します。

実行例

1 マクロを実行すると、

2［名前を付けて保存］画面を表示します。

名前を付けて保存
デスクトップ › Data ›
Dataの検索
整理
新しいフォルダー
PC
ダウンロード
デスクトップ
ドキュメント
ピクチャ
ビデオ
ミュージック
名前
更新日時
種類
練習
2022/10/30 11:17
ファイル フォルダー
Book1
2022/10/28 21:15
Microsoft Excel
ファイル名(N):
集計
ファイルの種類(T):
Excel マクロ有効ブック
フォルダーの非表示
ツール(L)
保存(S)
キャンセル

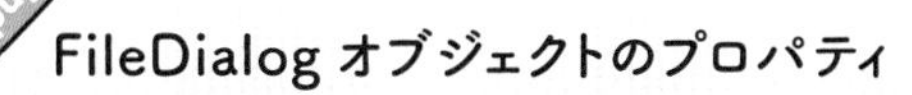

FileDialog オブジェクトのプロパティ

FileDialog オブジェクトを使用して表示するダイアログボックスの詳細は、次のようなプロパティを利用して指定できます。

Title プロパティ	ダイアログボックスのタイトルの文字を指定します。
InitialFileName プロパティ	最初に表示する保存先を指定します。
AllowMultiSelect プロパティ	複数ファイルの選択を可能にするか指定します。
FilterIndex プロパティ	ダイアログボックスを表示したときに最初に選択されるフィルタを指定します。
Filters プロパティ	フィルタに表示する一覧を操作します。

さまざまなダイアログボックスを表示する

Excel には、ほかにもさまざまなダイアログボックスがあります。それらのダイアログボックスを表示するには、Application オブジェクトの Dialogs プロパティを利用して Dialogs コレクションを取得して表示するダイアログボックスの種類を指定する方法があります。

例

・[セルの書式設定]（[フォント] タブ）ダイアログボックスを表示する

```
Application.Dialogs(xlDialogFontProperties).Show
```

・[ページ設定] ダイアログボックスを表示する

```
Application.Dialogs(xlDialogPageSetup).Show
```

・[ズーム] ダイアログボックスを表示する

```
Application.Dialogs(xlDialogZoom).Show
```

Section 67

セキュリティリスクのメッセージが表示された場合は

インターネットからダウンロードしたマクロを含むブックを開くと、マクロが無効になる場合があります。その場合、[信頼できる場所]にマクロを含むブックを保存して利用する方法があります。

1 メッセージを確認しよう

[セキュリティリスク]のメッセージバーが表示され、マクロが無効になります。ファイルを閉じます。

自動保存 オフ Book1 - Excel
ファイル ホーム 挿入 ページレイアウト 数式 データ 校閲 表示 開発 ヘルプ
游ゴシック 11
貼り付け
元に戻す クリップボード フォント 配置
セキュリティリスク このファイルのソースが信頼できないため、Microsoft によりマクロの実行がブロックされました。
A1
A B C D E F G H

Hint [信頼できる場所]とは

練習
新規作成
練習
練習の検索
ホーム
デスクトップ
ダウンロード
ドキュメント
ピクチャ
販売商品一覧
Book1
2 個の項目 1 個の項目を選択 17.5 KB

[信頼できる場所]として指定したフォルダーに保存したファイルは、安全なファイルと見なされます。マクロが含まれる安全なファイルは、[信頼できる場所]に保存しておくとよいでしょう。[信頼できる場所]にあるマクロを含むブックを開くと、マクロが有効の状態で開きます。

2 信頼できる場所を追加しよう

1 33ページの方法で［トラストセンター］画面を表示します。

信頼できる場所

2 ここをクリックします。

新しい場所の追加(A)...

3 ここをクリックします。

Microsoft Office の信頼できる場所
警告: この場所は、ファイルを開くのに安全な場所であると見なされます。場所を変更または追加する場合は、その場所が安全であることを確認してください。
パス(P):
C:¥Users¥User01¥Desktop¥練習
参照(B)...
この場所のサブフォルダーも信頼する(S)
説明(D):
作成日時: 2022/10/30 11:22
OK
キャンセル

4 ここをクリックして、［信頼できる場所］に指定するフォルダーを指定します。

指定した場所のサブフォルダーも信頼できる場所と見なす場合は、クリックします。

5 クリックします。

6 このあとは、マクロを含む安全なファイルを信頼できる場所に保存して利用します（左ページのヒント参照）。

Index

紀号・アルファベット

あ行・か行

さ行

た行・は行

ま行

ら行

■ お問い合わせの例

FAX

1 お名前
技評　太郎

2 返信先の住所またはFAX番号
03-××××-××××

3 書名
今すぐ使えるかんたんmini
Excel マクロ＆VBAの基本と便利がこれ1冊でわかる本
[Office 2021/Microsoft 365両対応]

4 本書の該当ページ
206ページ

5 ご使用のOSとソフトウェアのバージョン
Windows 11
Excel 2021

6 ご質問内容
手順1の画面が表示されない

今すぐ使えるかんたんmini
Excel マクロ＆VBAの基本と便利が
これ1冊でわかる本
[Office 2021/Microsoft 365両対応]

2023年 6月 7日　初版　第1刷発行
2024年 7月25日　初版　第2刷発行

著者●門脇 香奈子
発行者●片岡 巌
発行所●株式会社　技術評論社
東京都新宿区市谷左内町21-13
電話　03-3513-6150　販売促進部
03-3513-6166　書籍編集部
装丁●坂本 真一郎（クオルデザイン）
イラスト●高内 彩夏、イラスト工房（株式会社アット）
本文デザイン●坂本 真一郎（クオルデザイン）
DTP●はんぺんデザイン
担当●伊藤 鮎
製本／印刷●TOPPANクロレ株式会社

定価はカバーに表示してあります。

ISBN978-4-297-13463-1 C3055

Printed in Japan

お問い合わせについて

本書に関するご質問については、本書に記載されている内容に関するもののみとさせていただきます。本書の内容と関係のないご質問につきましては、一切お答えできませんので、あらかじめご了承ください。また、電話でのご質問は受け付けておりませんので、必ずFAXか書面にて下記までお送りください。
なお、ご質問の際には、必ず以下の項目を明記していただきますようお願いいたします。

1 お名前
2 返信先の住所またはFAX番号
3 書名
（今すぐ使えるかんたんmini　Excel マクロ＆VBAの基本と便利がこれ1冊でわかる本[Office 2021/Microsoft 365両対応]）
4 本書の該当ページ
5 ご使用のOSとソフトウェアのバージョン
6 ご質問内容

なお、お送りいただいたご質問には、できる限り迅速にお答えできるよう努力いたしておりますが、場合によってはお答えするまでに時間がかかることがあります。また、回答の期日をご指定なさっても、ご希望にお応えできるとは限りません。あらかじめご了承くださいますよう、お願いいたします。
ご質問の際に記載いただきました個人情報は、回答後速やかに破棄させていただきます。

問い合わせ先

〒162-0846
東京都新宿区市谷左内町21-13
株式会社技術評論社　書籍編集部
今すぐ使えるかんたんmini　Excel マクロ＆VBAの基本と便利がこれ1冊でわかる本
[Office 2021/Microsoft 365両対応]
質問係

FAX番号　03-3513-6167

URL：https://book.gihyo.jp/116